As flores do bem

FÓSFORO

SIDARTA RIBEIRO

As flores do bem

A ciência e a história da libertação da maconha

2ª reimpressão

Ao mano Júlio, galego amado, flores na mente da gente

9 Introdução
11 A maconha vence por *ippon*
21 O Brasil é retardatário, mas avança
45 Nasceu na China a flor do Ganges
60 A ciência das flores
68 Yang, Yin e muitas outras moléculas
77 Maconha não mata neurônios, os faz florir
85 Viver com as flores
97 Liberdade para o Cãonabis!
105 Maturana, marijuana e o sapo verde
119 Amar demais as flores
124 Proibir as flores
132 Envelhecer com as flores
136 Morrer e renascer com as flores
140 Epílogo

148 AGRADECIMENTOS
156 NOTAS

Introdução

Assim como meu irmão Júlio, escutei pela primeira vez a palavra "maconha" na voz de nossa mãe Vera. Preocupada com os perigos da pré-adolescência no início dos anos 1980, ela resolveu falar preventivamente do assunto conosco: "Maconha não é para jovens, comprometam-se a não usar. Quando estiverem crescidos, se fizerem questão de experimentar, faremos isso juntos, em casa, e não na rua, com pessoas desconhecidas. Combinado?". "Combinado, mamãe."

Ela não possuía quase nenhuma experiência com a erva, mas tinha a cabeça aberta e inspirava muita confiança. Éramos ainda bem jovens, entre doze e treze anos, e recebíamos uma educação baseada em responsabilidade, liberdade e autonomia. Embarcamos naquele pacto simples com total confiança entre as partes e o resultado foi eficaz. Nos mantivemos desinteressados pela maconha durante quase todo o ensino médio, enquanto alguns colegas já fumavam seus primeiros baseados no matagal atrás da cantina.

À medida que o tempo passava nossos interesses foram divergindo. Júlio gostava de *bicicross*, eu pedalava na pista. Ele foi se especializando na aventura e no risco, eu nos livros e jogos de imaginação. Entretanto, mesmo em processo de afastamento progressivo, ainda fazíamos algumas coisas pelo puro prazer de estar juntos, como assistir à série *Cosmos* no domingo de manhã, apresentada pelo maravilhoso astrônomo Carl Sagan. A calmaria familiar durou até que meu mano, já com dezessete anos e ávido pelas novidades da vida adulta, resolveu cobrar a promessa materna. Acontece que a essa altura, alguns anos mais cansada, menos impetuosa e um tanto assustada com o vigor da juventude insubmissa que começava a despontar, mamãe titubeou. Negaceou, se calou, falou pelos cotovelos, resmungou e afinal recuou com relação à palavra dada. O diálogo franco cessou e o trem começou a descarrilhar lentamente.

Júlio começou a beber com amigos em bares e festas, passou a consumir cigarros de tabaco e tornou-se adepto da maconha. Logo vieram as experiências com outras substâncias lícitas e ilícitas, além de dois perigosos acidentes de carro. As brigas em casa foram se tornando cada vez mais frequentes e após alguns anos de muitos conflitos, a família afinal rachou.

Meu irmão foi expulso de casa e, assim como meu padrasto, apoiei fervorosamente a decisão de minha mãe. Minha irmã Luísa, ainda criança, testemunhou assustada aquela ruptura. No transcorrer desse doloroso processo de afastamento, nos parecia totalmente evidente que a culpa daquela terrível crise familiar era da maconha. A desconstrução desse ponto de vista é a história que quero contar neste livro.

Essa desconstrução começa por uma apresentação do uso terapêutico da Cannabis e de seus mecanismos biológicos, passa pela história da planta e da perseguição implacável que ela sofreu, e alcança as consequências econômicas, sociais e políticas da paulatina legalização da maconha. Esse percurso é atravessado por uma reflexão autobiográfica sobre o papel da Cannabis na construção de uma vida melhor, tanto para si quanto para os outros. Bom proveito!

A maconha vence por *ippon*

Nas artes marciais japonesas, o *ippon* é o ponto completo que finaliza uma luta e dá vitória a quem o aplicou. Na disputa sobre o uso terapêutico da maconha, o *ippon* começou a ser aplicado por uma rede extremamente complexa de pessoas que inclui pacientes com epilepsia e seus familiares, cultivadores, cientistas, profissionais da saúde, jornalistas e políticos. Após décadas de rebeldia clandestina, os defensores da maconha viram seu movimento crescer, aparecer e entrar em erupção.

A planta Cannabis é um milagre de resistência biológica e cultural, cultivada há milênios em razão das excepcionais fibras têxteis de seu caule e poderosas medicinas resinosas de suas inflorescências — para simplificar, aqui chamadas de flores. As variedades ricas em fibras e desprovidas de moléculas fortemente psicoativas são chamadas de cânhamo, enquanto as abundantes em resinas psicoativas foram batizadas com um anagrama das mesmas letras: maconha. Para facilitar, daqui em diante chamarei de maconha ambos os tipos da planta, a menos que seja preciso diferenciá-las por alguma razão específica.

No século 16, as roupas dos navegantes e mercadores europeus eram de cânhamo, enquanto os unguentos das curandei-

Na Europa, o cânhamo era um produto naval indispensável para a defesa dos países

ras e parteiras da Índia e da África eram de maconha. Desde então, foram feitas de cânhamo quase todas as telas — *canvas* — em que foram pintadas as obras de arte emolduradas nas paredes dos museus. Nos séculos 18 e 19, eram de maconha os emplastros usados nas costas dos escravizados para aplacar as feridas produzidas pelo chicote do feitor. No início do século 20, eram feitas de maconha as cigarrilhas broncodilatadoras vendidas em farmácias para tratar asma. Avançando no tempo, por iniciativa do Brasil e força dos Estados Unidos, a maconha foi proibida e crucificada como "a erva do diabo". A partir dos anos 1960, entretanto, apesar de toda a perseguição, seu consumo cresceu até ultrapassar, em 2022 nos Estados Unidos, o consumo do tabaco.[1] Na contramão de todo o estigma contra os maconheiros, uma cultura canábica de paz e amor se espalhou pelo planeta inteiro. Nos cinco continentes, pessoas dos mais variados tipos se reúnem às 16h20 para consumir maconha num ambiente de partilha, diálogo e bom humor. Hoje, remédios à base de maconha são cada vez mais exportados por Estados Unidos, Canadá, Portugal e Uruguai, gerando muita saúde, emprego e renda. Quem te viu, quem te vê.

Essa incrível planta pacientemente construída pela inteligência e tenacidade de nossos ancestrais sobrevive a uma campanha de difamação planetária que já dura um século. Apesar de toda a perseguição, entretanto, a Cannabis e suas principais moléculas constituintes, chamadas canabinoides, são hoje usadas para tratar com sucesso — e efeitos colaterais reduzidos — doenças e transtornos tão diversos quanto epilepsia, espasmos, dores neuropáticas, autismo, câncer, depressão, ansiedade, doenças de Alzheimer, Parkinson e Crohn, entre outros. Essas aplicações se relacionam a múltiplas consequências metabólicas e fisiológicas das moléculas presentes na planta, tais como efeitos analgésico, anti-inflamatório, antiespasmódico, anti-isquêmico, antiemético, antibacteriano, antidiabético, antipsórico e estimulante do crescimento dos ossos.

Hoje sabemos que as substâncias encontradas na Cannabis atuam em nosso cérebro e sistema imunológico por semelhança com moléculas produzidas por nosso próprio corpo. Essas pequenas moléculas endógenas, bem como as grandes proteínas receptoras localizadas na membrana das células, às quais elas se ligam, coletivamente formam o sistema endocanabinoide. Assim, toda pessoa que teme a maconha precisa considerar que em seu próprio corpo, de dia e de noite, produz uma grande quantidade de moléculas semelhantes às da maconha. Se alguém perdesse o sistema endocanabinoide, no mesmo momento perderia a capacidade de se alimentar, dormir, formar memórias e respostas imunes. A maconha só produz efeitos em nosso corpo porque sintetizamos substâncias funcionalmente muito similares às dela.

Felizmente a perseguição à maconha está deixando de ser aceita no século 21. Seu efeito antiepiléptico, descrito pela ciência desde o século 19, foi solenemente ignorado pela opinião pública e pelos profissionais da saúde até aproximadamente uma década atrás. Quando isso afinal mudou, a planta deu o primeiro passo para regressar à medicina pela porta da frente. Entre o ano 2000 e 2023 foram publicadas quase seis vezes mais pesquisas biomédicas sobre os canabinoides do que no século 20. Nos Estados Unidos, o financiamento de pesquisas sobre Cannabis passou de cerca de 30 milhões de dólares em 2000 para mais de 143 milhões de dólares em 2018.[2]

Diante de tais dados e do aumento crescente das descobertas de benefícios, por que é que algumas pessoas ainda insistem em demonizar a maconha? Um dos piores problemas da ignorância voluntária, aquela que se apega teimosamente a preconceitos, é que ela tende a se aprofundar com o tempo, em vez de ir diminuindo com o aprendizado de novas informações. Quem faz vista grossa para as novidades da ciência tende a se descolar cada vez mais da realidade e passa a habitar uma bolha de ideias crescentemente estapafúrdias. Diversas vezes me deparei com interlocutores despreparados para o debate, pois não leram ou não gostaram de nada do que a pesquisa científica descobriu de positivo sobre a maconha. Aliás, até a primeira década do século 21 era quase unanimidade no meio médico que a maconha e seus derivados não deveriam integrar a farmacopeia, pois alternativas melhores já estariam disponíveis no mercado.

Entretanto, quando a ignorância é involuntária e existe honestidade intelectual livre de preconceitos, nunca é tarde para resgatar o que ficou para trás. Um exemplo emocionante foi o do médico Sanjay Gupta — principal especialista médico da rede CNN Internacional, o "Drauzio Varella" dos Estados Unidos —, que em 2013 lançou o primeiro episódio de uma série documental chamada *Erva*. Vale a pena ler seu pedido de desculpas:

> Muito antes de começar este projeto, revisei a literatura científica sobre maconha medicinal dos Estados Unidos e a considerei bastante inexpressiva. Lendo esses trabalhos há cinco anos, era difícil defender a maconha medicinal. Até escrevi sobre isso em um artigo da revista *Time*, em 2009, intitulado "Por que eu votaria não à maconha". Bem, estou aqui para me desculpar. Peço desculpas porque não havia procurado o suficiente, até agora. Eu não havia ido longe o suficiente. Não revi artigos de laboratórios menores em outros países fazendo pesquisas notáveis e desconsiderei o coro alto de pacientes legítimos cujos sintomas melhoraram com a Cannabis [...]. Acreditei erroneamente que a Drug Enforcement Agency (DEA) listou a maconha como uma substância da Tabela 1[*] por causa de sólidas provas científicas [...]. [Mas] eles não tinham apoio da ciência para fazer essa afirmação, e agora sei que, quando se trata de maconha, nenhuma dessas coisas é verdadeira. [Ela] não tem um alto potencial de abuso e tem aplicações médicas muito válidas. Na verdade, às vezes a maconha é a única coisa que funciona. Veja o caso de Charlotte Figi, que conheci no Colorado. Ela começou a ter convulsões logo após o nascimento. Aos três anos, convulsionava trezentas vezes por semana, apesar de tomar sete medicamentos diferentes. A maconha medicinal acalmou seu

---

[*] A Tabela 1 da Drug Enforcement Agency dos Estados Unidos inclui drogas consideradas sem uso médico atualmente aceito e com alto potencial de abuso.

cérebro, limitando suas convulsões a duas ou três por mês. Já vi mais pacientes como Charlotte em primeira mão, passei um tempo com eles e cheguei à conclusão de que é irresponsável por parte da comunidade médica não fornecer o melhor atendimento possível, atendimento que pode envolver maconha. Temos sido terrível e sistematicamente enganados por quase setenta anos nos Estados Unidos, e peço desculpas por meu próprio papel nisso.[3]

Charlotte Figi (2006-2020) foi uma menina estadunidense com uma desordem genética rara, a epilepsia mioclônica grave da infância ou síndrome de Dravet. Essa doença incurável causa prejuízos motores e cognitivos progressivos que podem levar à morte precoce. Mesmo quando isso não acontece — muitos pacientes com Dravet conseguem chegar à idade adulta — os déficits comportamentais e sociais tendem a ser dramáticos, pois a interrupção frequente do funcionamento cerebral normal, causada pela crise epiléptica, tem um efeito de amnésia que prejudica fortemente o aprendizado. Além disso, o excesso de sincronia da atividade neuronal que caracteriza a crise epiléptica libera uma enorme quantidade do neurotransmissor glutamato, que em abundância é tóxico e pode terminar matando os neurônios.

A necessidade de conter as crises epilépticas de Charlotte levou seus médicos a receitarem doses altas e frequentes de remédios anticonvulsivantes habituais, que geralmente reduzem o excesso de atividade neuronal sincrônica ao diminuir a atividade total dos neurônios. Embora essa estratégia seja eficaz para mitigar as crises, ela causa um estado de torpor que impede o desenvolvimento normal da criança. Além disso, a depressão profunda do sistema nervoso causada por esses fármacos pode levar a uma parada cardiorrespiratória, fazendo com que os familiares de crianças com Dravet e outras epilepsias precisem ter sempre consigo diversos equipamentos para reanimação, uma espécie de UTI móvel.

Em famílias sem recursos financeiros, essa situação é desesperadora. Ainda que disponham de meios para prover os tratamentos necessários, um dilema terrível se apresenta: não tratar as crises e ver a criança definhar em espasmos repetidos, ou vê-la sempre sonolenta correndo risco de morte súbita, sob efeito dos medicamentos convencionais. Em ambos os casos, os prejuízos ao desenvolvimento são imensuráveis, com grande impacto emocional para todos.

Aos cinco anos, Charlotte não frequentava a escola, se locomovia numa cadeira de rodas e mal conseguia falar. Seu quadro parecia apenas piorar quando sua mãe, Paige, ficou sabendo que a molécula chamada canabidiol (CBD) poderia ajudar. Ela visitou um cultivo dos famosos Stanley Brothers, produtores de maconha destinada ao mercado do uso recreativo, e descobriu que eles dispunham de uma variedade da planta com alto teor de CBD e baixo de tetrahidrocanabinol (THC), até então pouco cultivada por seu baixo valor de mercado. Sugestivamente chamada de "Decepção do Hippie", essa variedade não provoca alteração do estado mental porque o THC que a estimularia é quase ausente, enquanto o CBD presente a inibe.

O tratamento com o óleo produzido a partir dessa variedade da maconha mudou radicalmente a vida de Charlotte e sua família. As trezentas crises epilépticas que ela tinha por semana tornaram-se três por mês. Sono e alimentação se regularizaram, interações sociais tornaram-se possíveis. Aos poucos, as brincadeiras tornaram-se mais frequentes. Charlotte aprendeu a andar de bicicleta, frequentou a escola, viveu.

Tudo isso só foi possível porque o Colorado, assim como Washington, foi um estado pioneiro em legalizar o uso recreativo da maconha nos Estados Unidos, em 2012.[4] A legalização deu segurança jurídica aos cultivadores, até então clandestinos e verdadeiros responsáveis por manter preservado e acessível o conhecimento sobre as diferentes linhagens de maconha.

A variedade "Decepção do Hippie" foi rebatizada de "Teia de Charlotte", em homenagem à menina que mudou a percepção pública sobre a maconha.* Quando as notícias se espalharam, famílias com diagnósticos semelhantes começaram a se mudar para o Colorado para poder usufruir do tratamento com CBD. Essa história emocionante afinal correu o mundo na série documental de Sanjay Gupta. Charlotte tornou-se um ícone do movimento internacional pelo uso terapêutico da maconha, visibilizando dramas semelhantes vividos por muitas outras pessoas com epilepsia. Desde então, a CNN produziu cinco outros episódios da série *Erva*, abordando diversos aspectos biomédicos e culturais da planta.

Quando a mídia corporativa e as mídias sociais resolveram divulgar o poderoso efeito antiepiléptico dos canabinoides, as placas tectônicas da opinião pública começaram a se mover. Como negar às crianças com síndromes epilépticas congênitas o benefício do CBD, capaz de inibir até centenas de crises convulsivas por semana? Como justificar a uma mãe ou pai de paciente que o melhor remédio para sua filha ou filho é proibido, embora possa ser plantado em casa?

As contradições da proibição da maconha para fins terapêuticos foram se avolumando e a opinião pública começou a despertar para os perigos da demonização da maconha. Entre 2009 e 2019, a parcela da população adulta dos Estados Unidos que defendia a legalização da maconha aumentou de 32% para

---

* *Charlotte's Web* [A teia de Charlotte] também é o título de um livro infantil, de 1952, cuja protagonista é uma aranha muito sábia. O livro foi adaptado para desenho animado em 1973 e, mais tarde, para filme — nomeado *A menina e o porquinho* — e videogame.

67%.[5] Entretanto, a opinião de supostos especialistas seguia bastante conservadora. Perdi a conta de quantos médicos e médicas, inteligentes e bem informados, eram tomados de uma ausência aguda de curiosidade ao adentrar o tema da maconha, possivelmente tomados de novo pelo medo de condenação pública, ou de reprimenda nos círculos sociais mais íntimos. Por muitos anos, profissionais clínicos e pesquisadores chamados a opinar a respeito do tema negaram as propriedades terapêuticas da maconha, ao mesmo tempo que exageraram seus riscos perante o público leigo, fomentando o pânico moral.

Quando Charlotte morreu, em abril de 2020, aos treze anos, de pneumonia e possível infecção por covid-19, centenas de milhões de pessoas em todo o mundo já se beneficiavam do CBD para o tratamento de condições tão diversas quanto epilepsia, dor crônica, ansiedade e insônia. Ao saber da morte dela, Sanjay Gupta declarou: "Charlotte mudou o mundo. Ela certamente mudou meu mundo e minha mente. Abriu meus olhos para a possibilidade de a maconha ser um remédio legítimo. Ela me mostrou que funcionou para parar suas convulsões incapacitantes e que era a única coisa que funcionava". Atualmente, estima-se que uma em cada sete pessoas nos Estados Unidos utilizem algum produto à base de CBD, incluindo bebidas refrescantes vendidas em postos de gasolina. No Canadá e no Uruguai, a maconha foi legalizada para usos terapêuticos e recreativos, sendo comercializada ou regulada pelo próprio Estado. De fato, essas experiências internacionais colocam cada vez mais em xeque a distinção esquemática entre usos terapêuticos e recreativos. Ou não é verdade que o prazer de viver promove saúde?

Há poucos anos, policiais à paisana rondavam as ruas de Nova York prontos para encarcerar qualquer pessoa que ousasse fumar um baseado em público. Hoje, a cidade está coalhada de lojas vendendo flores de maconha de todos os tipos para uso adulto, inclusive balinhas coloridas feitas de moléculas derivadas da planta. O cultivo subterrâneo dos saberes sobre a maconha eclodiu numa revolução científica que moveu a opinião pública. A caravana passou, apesar dos latidos da cachorrada. A maconha hoje é uma commodity com receita global estimada entre 20 e 50 bilhões de dólares, com previsão de crescimento entre 92 e 197 bilhões de dólares até 2028.[6] As coisas mudam... Fim da luta, por *ippon*.

O Brasil é retardatário, mas avança

O Brasil vive um processo semelhante ao que ocorre nos Estados Unidos, Canadá e Uruguai, ainda que muito defasado em relação à melhoria de acesso do público aos medicamentos. Apesar de ter contado com um dos maiores especialistas mundiais em maconha terapêutica, o dr. Elisaldo Carlini (1930-2020), nosso país deixou escapar a oportunidade de liderar a pesquisa canábica no planeta, ao lado de Israel. Mas disso falaremos no próximo capítulo. Até a primeira década do século 21, o debate parecia estagnado, quase totalmente dominado pela psiquiatria mais conservadora. O estigma da maconha era muito grande e a maior parte das pessoas não percebia a necessidade de pesquisá-la. Para piorar, havia grande aceitação de diversos mitos indutores de pânico moral, do tipo "maconha mata neurônio".

Eu mesmo sentia fortemente essa pressão para evitar o tema. Em 2007, quando publiquei em coautoria com Renato Malcher-Lopes um livro de divulgação científica sobre a Cannabis,[1] optei por não divulgá-lo amplamente, por receio de perder colaboradores de pesquisa. Em 2009, o músico Pedro Caetano, baixista da banda Ponto de Equilíbrio, foi preso por plantar maconha para consumo próprio.[2] Seu encarceramento deflagrou a publicação de uma nota da Sociedade Brasileira de Neurociências e Comportamento (SBNeC) no jornal *Folha de S.Paulo*, assinada por Cecília Hedin-Pereira, João Menezes e Stevens Kastrup Rehen da UFRJ, e por mim da UFRN. Cecília era então vice-presidente da SBNeC, sendo Stevens o tesoureiro e eu o secretário da entidade. A nota repudiava a prisão do músico e reforçava o clamor por sua soltura,[3] o que aconteceu no dia seguinte.

O episódio acendeu no Brasil um inédito debate científico sobre a maconha, muito além das bancadas de laboratório e salas de aula, tanto dentro quanto fora da SBNeC. A entrada de neurobiólogos no debate atingiu grandes veículos de comunicação e bagunçou o coreto retórico dos proibicionistas antimaconha.

Em outubro de 2010, a *Folha de S.Paulo* promoveu um debate acirrado entre o psiquiatra Ronaldo Laranjeira, da Universidade Federal de São Paulo (Unifesp); Maria Lúcia Karam, ex-juíza e integrante da organização internacional Agentes da Lei Contra a Proibição; o arqueólogo Marcos Susskind da ONG Amor Exigente; Renato Malcher-Lopes e eu. O encontro, mediado pelo jornalista Gilberto Dimenstein, foi precedido pela publicação de artigos antagônicos na *Folha de S.Paulo* a favor e contra a legalização da maconha, com direito a réplica, tréplica e quadrúplica. A tensão subiu e aumentou a eletricidade do duelo com hora marcada para acontecer.

Li e reli dezenas de artigos científicos para me preparar para o embate, mas quando finalmente a discussão começou, os argumentos proibicionistas soaram como tiros de festim.[4] Renato e Maria Lúcia brilharam. A ciência biomédica e o saber jurídico haviam ultrapassado o pânico moral criado em torno da maconha, e os detratores da erva pareceram despreparados para um público não previamente convertido às suas crenças. Isso é a minha lembrança do evento, com certeza os proibicionistas pensam diferente. Como na canção "O rei do gatilho", cantada por

Moreira da Silva, "Ele atirou, eu atirei, e nós trocamos tantos tiros/ Que até hoje ninguém sabe quem morreu/ Eu garanto que foi ele, ele garante que fui eu".

Lançado na mesma época, o documentário *Cortina de fumaça*, dirigido por Rodrigo Mac Niven, terminou de incendiar a discussão sobre a legalização da maconha no Brasil. Com depoimentos contundentes de pacientes, cientistas, políticos, juristas e policiais antiproibicionistas, o filme registrou o momento de incandescência do ativismo que se organizou na Marcha da Maconha.

Evento global desde 1994, no Brasil as manifestações de rua pela legalização da Cannabis enfrentaram forte repressão policial a partir de 2008, quando marchas convocadas em dez capitais pelo coletivo Growroom e outras organizações de cultivadores foram interrompidas com violência. A injustiça e a brutalidade fortaleceram o movimento, que se espalhou por todo o país como uma febre libertária e idealista. Assim como aconteceu com as paradas do orgulho LGBTQIAP+ em todo o mundo, a cada marcha da maconha mais e mais pessoas saíam do armário, transpondo barreiras de raça, classe e gênero para expressar solidariedade e lutar pelo sagrado direito de transgredir normas desumanas. Marchando ou não, com ou sem metáforas, pessoas tão diferentes quanto Zé Celso (1937-2023), Fernando Gabeira (1941), Eduardo Suplicy (1941), Drauzio Varella (1943), Julita Lemgruber (1945), Rita Lee (1947-2023), Dilma Rousseff (1947), Laerte (1951), Geraldo Alckmin (1952), Ailton Krenak (1953), Luís Eduardo Soares (1954), Marina Lima (1955), Luciano Ducci (1955), Otavio Frias Filho (1957-2018), Eduardo Giannetti (1957), Paulo Teixeira (1961), João Gordo (1964), Marisa Monte (1967), Marcelo D2 (1967), Mara Gabrilli (1967), Andreas Kisser (1968), Mano Brown (1970), Patrícia Villela Marino (1971), Luciana Boiteux (1972), Renato Cinco (1974),

Jean Wyllys (1974), Marielle Franco (1979-2018), Gregório Duvivier (1986), Natália Bonavides (1988), Sâmia Bomfim (1989), Anitta (1993) e Ludmilla (1995) assumiram a defesa da erva.

A ponta de lança dessa grande movimentação da opinião pública foi a solidariedade com todas as pessoas que precisam da maconha como remédio e que sofrem dores terríveis por não terem acesso a ela. Pacientes como Juliana Paolinelli (1979), com dor neuropática,[5] Thais Carvalho (1979), com câncer de ovário,[6] e Gilberto Castro (1973), com esclerose múltipla,[7] deram grande visibilidade à causa. As palavras de Gilberto não deixam margem para dúvidas sobre seu valor terapêutico:

> a Cannabis medicinal me devolveu a vida. Reduziu os sintomas da esclerose múltipla sem trazer efeitos colaterais. [...] Para quem não ia passar cinco anos vivo, já estar há vinte de pé por causa da maconha não é pouca coisa. [...] Ela inibe claramente a evolução da doença. Esse foi um dos motivos para me tornar ativista (um dos primeiros no Brasil), pois a informação precisa ser repassada para salvar mais vidas.

É difícil mensurar quão revolucionário foi o encontro de pacientes e familiares que necessitavam desesperadamente de maconha com os indômitos jardineiros da Cannabis, mestres na arte de fazê-la florir e sorrir. Quando esses jovens de cabeleiras revoltas e dedos verdes começaram a fornecer de graça a matéria-prima para a cura de tantas crianças, o movimento social pela maconha entrou em ebulição.

Um dos primeiros cultivadores a semear esse caminho foi o advogado Emílio Figueiredo (1978), que em 2010 atendeu ao apelo de seu pai para doar flores a um paciente com mieloma múltiplo, que não conseguia se alimentar por causa das intensas náuseas causadas pela quimioterapia. Logo vieram outros casos e uma poderosa rede de apoio e saberes começou a se formar. Emílio aprendeu a fazer tintura, óleo e manteiga de maconha para aqueles que não podiam ou não desejavam fumar. Essas experiências foram compartilhadas com outros cultivadores e pacientes por meio das Marchas da Maconha e de comunidades como o coletivo Growroom, maior portal de maconha em língua portuguesa. Seu criador, William Lantelme Filho, relembra a espontaneidade desse processo histórico:

> Nunca planejei ser um ativista. [Foi] o Growroom que me levou [a ser]. De certa forma, o intuito já era de um ativismo sem nem saber. Meu intuito inicial era plantar um produto de qualidade superior, eu cuidando da planta, sabendo tudo que tem ali, vendo todo o processo natural da planta. E também sempre vi essa possibilidade como uma forma de não precisar comprar no mercado ilegal.[8]

À medida que Emílio, William e outras pessoas de sua geração se tornavam expoentes do ativismo canábico no país, uma revolução silenciosa era gestada no acesso à maconha terapêutica.

Pela primeira vez, a resistência heroica dos cultivadores recebia o apoio de uma parcela influente — ainda que minoritária — da sociedade brasileira. Famílias brancas de classe média começaram a criar laços de gratidão e solidariedade política com jovens de todas as cores, periféricos ou não, estudantes, skatistas e motoboys, unidos pela insubmissão e agora protegidos por uma inédita retaguarda jurídica, científica e jornalística. Foi essa genial mistura de pessoas e perspectivas que tocou fogo no parquinho dos inimigos da maconha.

Em 2011, o Supremo Tribunal Federal reconheceu por unanimidade o direito de marchar pela legalização da maconha, libertando usuários e simpatizantes para expressarem suas consciências. Pela primeira vez, a experiência de pacientes e familiares passou a ser escutada sem ser considerada apologia ao uso de drogas. A partir dessa decisão do STF, começaram a se tornar visíveis no Brasil os dramas vividos pelas famílias de pacientes com epilepsia. Histórias brasileiras tão emocionantes e inspiradoras quanto a da estadunidense Charlotte Figi começaram a aparecer nos principais jornais do país e em programas de grande audiência da televisão aberta.

CASO CLÁRIAN

Ficamos sabendo de uma menina paulistana nascida em 2003 que tinha síndrome de Dravet com quadro de autismo, hipotonia, apatia, apneia do sono, comportamentos repetitivos e longas convulsões generalizadas. Segundo sua mãe, Cida Carvalho:

> Várias crianças com Dravet não chegavam à adolescência. Como Clárian tinha risco de morte súbita, eu e Fábio vivíamos correndo contra o tempo, revezávamos até o sono. Precisávamos esticar a traqueia dela, além de termos medo de perdê-la dormindo. Quanto à hipotonia, a falta de sudorese, até seus onze anos eu nunca a tinha visto transpirar de verdade, o que não dava equilíbrio à temperatura do corpo e desencadeava mais crises convulsivas severas. Eu tinha que usar garrafas de água ou toalhas úmidas para molhar o cabelo e a nuca dela, para evitar convulsões que duravam mais de uma hora. A cognição de Clárian era comprometida: [tinha dificuldades na] coordenação motora, falta de equilíbrio, marcha prejudicada. Ela se automutilava, batia a cabeça na parede e tentava arrancar os dentes com a mão quando era contrariada.

Quando começou o tratamento, aos dez anos, Clárian Carvalho não conseguia correr, pular, subir escadas nem conversar.

Por causa de sua condição e dos efeitos colaterais dos remédios convencionais que utilizava, a família tinha como rotina as corridas urgentes ao pronto-socorro, e sofria de grande estresse crônico.

"Era exaustivo para todos nós, não tínhamos vida social, já tínhamos tentado várias combinações de anticonvulsivantes sem sucesso, e sabíamos que a qualquer momento poderíamos perdê-la", afirma a mãe.

A situação de Clárian era desesperadora e Cida não sabia mais o que fazer, além de se empenhar em intensas buscas na internet a respeito de tratamentos. Em julho de 2013, ela conheceu o caso de Charlotte e na mesma hora perguntou ao marido: "Vamos buscar 'na boca'? Se der certo para ela, eu quero plantar!". Cida se aprofundou na leitura sobre as variedades da planta e concentrações de THC e enviou os artigos que encontrou para a neurologista de Clárian, que num primeiro momento hesitou, até ir a um congresso em Boston, nos Estados Unidos, e passar a endossar o tratamento. Diferente de outros médicos, a dra. Maria Teresa Maluf Chamma se convenceu — "Fiquei de queixo caído. Vou levantar essa bandeira com você!" — e estimulou o avanço daquela busca por cura. Cida conta:

> A doutora sugeriu "procure outras mães de crianças Dravet, monte uma associação". Foi quando criei a primeira página no Facebook, pela qual mais tarde tive contato com médicos e outros familiares de pacientes. Até que consegui uma portadora internacional — a própria dra. Maria Teresa. Ela foi passar férias em Miami, eu comprei e mandei entregar no hotel em que ela estava hospedada. E com toda a coragem ela trouxe no avião para mim, ilegalmente. Peguei o dinheiro das minhas férias no banco em que trabalhava para pagar o óleo, que na época custava uns 2500 reais. Eu tinha certeza de que não iria conseguir dar

continuidade, mas precisava saber a resposta da substância em minha filha... Depois de uma longa bateria de exames, Clárian tomou as primeiras gotas em 26 de abril de 2014. Logo de partida ela ficou onze dias sem ter crise nenhuma.

Já imbricada numa rede de médicos, pesquisadores e outros, Cida recebeu uma oferta de fornecimento grátis de óleo de maconha, por parte de uma rede secreta de cultivadores do Rio de Janeiro que se solidarizou com a condição da menina. No processo de garantir o tratamento de sua filha, Cida e Fábio foram ao Chile visitar a associação Mamá Cultiva para se capacitar tecnicamente na extração do óleo de maconha e para conhecer a plantação da Fundação Daya. Também fizeram pontes com a ciência por meio do Centro Brasileiro de Informações sobre Drogas Psicotrópicas (Cebrid), que sob a coordenação do prof. dr. Elisaldo Carlini, principal pesquisador da maconha terapêutica no Brasil, organizou em 2014 um seminário que deu muita visibilidade a pacientes como Clárian. Essas pontes com os cultivadores garantiram o tratamento. Entre 2014 e 2017, Fábio viajou regularmente de São Paulo ao Rio de Janeiro para buscar o precioso remédio ainda proibido.

Cida conta:

Após quatro meses de uso do óleo, Clárian mostrou as mãos dizendo que estavam molhadas. Achei que ela estivesse mexendo na água, mas não, as palmas das mãos e dos pés estavam transpirando. Foi a primeira vez que vi a minha filha suar de fato. A partir daí ela foi conseguindo alcançar o equilíbrio da temperatura do corpo e tudo começou a se encaixar. Após oito meses de uso foi muito visível a melhora no equilíbrio, Clárian já não andava mais se apoiando nas pessoas, com os joelhos semiflexionados, ela conseguia subir e descer escadas sozinha. Foi a primeira vez que ela pulou sem ajuda numa cama elástica num aniversário. Já conseguia articular frases completas e dentro do contexto... Hoje, as crises convulsivas diminuíram 80%. Ela tem uma ou duas crises por mês, que duram menos de um minuto.

O tratamento também fez com que a apneia noturna de Clárian cessasse, seu tônus muscular aumentasse e a cognição melhorasse consideravelmente. A vida floriu. Clárian tornou-se uma menina bem ativa e em 2023, aos vinte anos, está se alfabetizando.

Com ajuda da Rede Reforma, um coletivo de advogados sem fins lucrativos do qual fazem parte Ricardo Nemer, Emílio Figueiredo, Marcela Sanches, Cecília Galício e outros, a família de Clárian conseguiu em 2016 um habeas corpus para plantar maconha com fins terapêuticos. Pouco tempo depois, fundaram a Cultive: Associação de Cannabis e Saúde. Junto ao prof. Elisaldo Carlini e ao padre Ticão, importante liderança religiosa da Zona Leste de São Paulo, a Cultive e diversas outras associações promovem desde 2016 vários cursos gratuitos de capacitação sobre os usos terapêuticos da maconha, iniciativa que já alcançou mais de 80 mil pessoas.

Ainda em 2014, o documentário *Ilegal: A vida não espera*, dirigido por Tarso Araújo e Rapha Erichsen, levou ao grande público a luta de cinco famílias para tratar suas crianças com remédios à base de maconha. Correndo o risco de ser considerado criminoso, o casal Katiele e Norberto Fischer conseguiu obter medicamento à base de CBD e tratar com sucesso sua filha Anny, então com cinco anos. Anny apresenta a síndrome CDKL5, uma doença genética rara que produz epilepsia grave. Ao mostrar uma família brasileira branca de classe média que se dispunha a trazer escondido na mala em um voo internacional o remédio proibido, o filme escancarou as contradições da atual política de drogas. Nas palavras de Katiele:

> Quando a gente ficou sabendo do CBD, decidimos importar. Tínhamos a consciência de que era um produto derivado da *Cannabis sativa* e, por esse motivo, ilegal no país. Mas o desespero de ver a nossa filha convulsionando todos os dias, a todos os momentos, era tão grande, que nós resolvemos encarar e trazer mesmo que fosse traficando.

Desobediência civil e entrega amorosa num mesmo ato de coragem. Enquanto acontecia toda essa luta pelo direito de utilizar a maconha para fins terapêuticos, cientistas travavam várias batalhas apenas pelo direito de estudar a maconha. Embora a pesquisa científica sobre Cannabis e canabinoides nunca tenha sido proibida pela Lei de Drogas ou pelas convenções internacionais das quais o país era signatário, na prática era dificílimo realizá-la no Brasil, por não ser possível produzi-los em território nacional, nem os importar dos Estados Unidos ou da Europa sem transtornos gigantescos.

Mesmo assim, esse bloqueio foi desafiado com sucesso por vários pesquisadores brasileiros a partir dos estudos pioneiros do farmacologista José Ribeiro do Valle e seu discípulo Elisaldo Carlini[9] na antiga Escola Paulista de Medicina, depois Unifesp. Com base em amostras generosamente doadas por Raphael Mechoulam e corajosamente trazidas ao Brasil por Carlini, dezenas de pesquisadores puderam fazer suas pesquisas. Desde os anos 1980, firmou-se na Universidade de São Paulo em Ribeirão Preto a linha de pesquisa canábica conduzida por Antonio Zuardi, Francisco Guimarães, Jaime Hallak, José Crippa e Alline Cristina de Campos. Ao longo de quatro décadas esses pesquisadores focaram sobretudo no CBD, que, por não ser psicoativo, era mais fácil de acessar e, portanto, investigar.[10] Demonstraram várias propriedades terapêuticas da molécula, chegando a obter patentes para uma versão sintética fluoretada do CBD.[11]

O depoimento de Guimarães dá uma boa ideia das dificuldades enfrentadas pelos pesquisadores:

> Iniciei meus estudos com o CBD nos anos 1980 durante o doutorado como projeto paralelo proposto pelo meu orientador, dr. Antonio Waldo Zuardi. Após nossa primeira publicação,[12] em 1990, recebi uma carta do prof. Raphael Mechoulam elogiando o trabalho e propondo uma colaboração para testarmos derivados do CBD. Naquele momento, já era muito claro na literatura científica que o CBD não produzia os efeitos do principal canabinoide presente na planta *Cannabis sativa*, o THC, incluindo a produção de dependência. A legislação, no entanto, era confusa e omissa a respeito, confundindo [outros] canabinoides com o THC. [...] Não existiam, ainda, agências reguladoras como a Anvisa. Assim, para essa colaboração, o prof. Mechoulam passou a nos enviar os compostos que sintetizava (ou, no caso do CBD, extraía da planta), diretamente de Israel via correio. Foram anos pioneiros, nos quais a ausência de regulação mais específica resultava em estudos feitos numa zona "cinzenta" da legislação (ou ausência dessa).

Ao longo dos anos 1990, outros pesquisadores conseguiram avançar, a despeito das dificuldades. No seu doutorado no departamento de psicobiologia da Unifesp, Ester Nakamura-Palacios investigou o papel do THC na memória operacional* de ratos usan-

---

* A memória operacional é transitória e permite ordenar temporalmente a execução de ações deflagradas por estímulos internos ou externos.

do um lote residual do composto. Orientada por Jandira Masur e co-orientada por Orlando Bueno e Sérgio Tufik, Ester demonstrou que a diminuição da memória operacional seguida à administração de THC é reversível após a retirada desse canabinoide.[13]

Para dar prosseguimento ao estudo e investigar os efeitos crônicos de uma administração mais longa, Ester submeteu um projeto de pesquisa ao National Institute on Drug Abuse (NIDA), principal organização dos Estados Unidos de fomento à pesquisa sobre os efeitos das drogas, historicamente de viés fortemente antimaconha. Surpreendentemente, o projeto foi aprovado e o NIDA se comprometeu a fornecer a quantidade de THC cuidadosamente calculada para o experimento.

Entretanto, a tramitação do processo necessário para que a substância entrasse no Brasil foi extremamente morosa. Na ocasião da aprovação do projeto, em 1992, Ester já havia se mudado para atuar na Universidade Federal do Espírito Santo (Ufes), e a substância precisava entrar no país por meio de uma instituição com histórico de estudos relevantes sobre o THC, o que ainda não era o caso da Ufes. Assim, um colega dela no doutorado assumiu a responsabilidade legal junto à Unifesp, que cuidou de todo o processo burocrático. No entanto, o THC somente chegou ao Brasil no fim de 1996, quando Ester estava partindo para um pós-doutorado nos Estados Unidos. Ao regressar, em meados de 1998, uma das primeiras providências da cientista foi buscar o THC em São Paulo para prosseguir com o projeto. Foi quando descobriu que uma das quatro ampolas do lote fora cedida a outro pesquisador sem seu conhecimento. Seu relato explicita a enorme dificuldade de pesquisar uma substância proibida, escassa e, portanto, muito disputada:

> Assim, esperei quatro longos anos para que o THC chegasse às minhas mãos para finalmente não ter mais condições de conduzir o

projeto original, pois faltava a quarta parte da quantidade calculada. Tive que pensar em outro projeto que empregasse uma quantidade menor, e que então fosse possível investigar os efeitos agudos, de curta duração. Assim foi feito durante o doutorado de Lívia Carla de Melo Rodrigues sob minha orientação. Nos anos subsequentes, recebi muitas ligações telefônicas de pessoas solicitando amostras de THC para suas pesquisas [...]. Dificuldades para realizar pesquisas com o THC? Imaginem há trinta anos atrás, uma recém-doutora, mulher, iniciando a carreira em uma universidade sem tradição em pesquisas com substâncias psicotrópicas, especialmente o THC [...]. Não vou nem contar a saga (com sentimento de estar cometendo algum crime) para transportar a remessa.

Longe de ser excepcional, o relato de Ester é corroborado por outros pesquisadores da área. Fabrício Pamplona, que fez mestrado e doutorado sobre canabinoides sob orientação de Reinaldo Takahashi na Universidade Federal de Santa Catarina (UFSC), rememora a dificuldade de obter as substâncias para sua pesquisa:

Nunca tivemos autorização de nada e, quando tentamos, deu errado. Na verdade, como eram moléculas sintéticas, ou seja, canabinoides análogos aos fitocanabinoides da planta, moléculas com nomes diferentes, mas efeitos semelhantes ao THC, o fato é que os fiscais da Receita nem sabiam o que eram e passavam sem problemas [pela alfândega]. Praticamente um contrabando [...].

Por outro lado, quando o pesquisador tentou trazer uma droga chamada SR141716A, um antagonista do receptor CB1,[*] com efeito oposto ao THC, o lote foi apreendido e incinerado pela

---

[*] Tecnicamente, um agonista inverso.

Receita Federal pois a palavra "canabinoide" aparecia em algum lugar da declaração anexada à remessa pela multinacional farmacêutica que sintetizou o composto.

Já nos anos 2000, Jorge Quillfeldt da Universidade Federal do Rio Grande do Sul (UFRGS), também conseguiu furar o bloqueio utilizando uma estratégia sagaz: em vez de transpor a morosidade do sistema, tratou de driblá-la.

Iniciamos em 2002, ainda durante a iniciação científica do Lucas Alvares — hoje meu colega — empregando agonistas [ativadores] como a anandamida e agonistas inversos (i.e., bloqueadores) sintéticos, como o AM251, como ferramentas para compreender o papel do sistema endocanabinoide nos diferentes processos da memória. Ao contrário dos agonistas, os bloqueadores canabinoides prejudicavam as fases de consolidação e extinção, e facilitavam evocação e reconsolidação das memórias. Esses estudos renderam um bom número de publicações ao longo dos anos, mas o primeiro artigo, de 2005, levou mais de dois anos para ser publicado. Foram várias recusas por diferentes motivos, entre eles o simples fato de que os achados não "batiam" com o mito de que "canabinoides fazem mal". Para comprar a anandamida e outros canabinoides, o que fazíamos era declarar apenas o nome químico completo da substância — o nome comercial cutucaria os preconceitos —, assim nunca tivemos problemas. Nomes químicos são imensos e abstratos, lindos — e corretos.

A despeito da coragem, criatividade e resiliência de todos esses pesquisadores, nos anos 2010 a pesquisa canábica brasileira seguia travada. As restrições eram múltiplas e não havia clareza de qual seria a instância decisória capaz de romper o impasse. Um jogo de empurra-empurra envolvia Ministério da

Justiça, Ministério da Agricultura e Anvisa. Para complicar, o Conselho Federal de Medicina (CFM) era completamente contrário à ideia de terapêutica canábica, e a DEA nos Estados Unidos bloqueava — e ainda bloqueia — o envio de substâncias como o THC para o Brasil.

Em 2015, quando eu exercia o cargo de diretor do Instituto do Cérebro da Universidade Federal do Rio Grande do Norte (UFRN), somei esforços com dois colegas neurocientistas para tentar romper esse bloqueio e entender a melhor forma de combinar canabinoides para tratar convulsões. Claudio Queiroz, um pesquisador talentoso especializado em epilepsia, meu colega no instituto, dispunha em seu laboratório de diferentes modelos de epilepsia em camundongos. Enquanto isso, na Ufes, a professora Ester Nakamura-Palacios não apenas tinha experiência com a farmacologia dos canabinoides como possuía THC e CBD suficientes para iniciarmos os experimentos.

Mesmo sem garantia de continuidade, iniciamos nossa pesquisa num sábado ensolarado. Os primeiros resultados foram promissores, mas logo percebemos que não se tratava apenas de comparar diferentes proporções de THC e CBD. A comparação mais importante a ser feita era com o extrato completo da flor da maconha, o que em jargão canábico se chama de "amplo espectro", ou seja, misturas complexas de canabinoides, terpenos e flavonoides tal como ocorre na planta. Infelizmente, porém, não víamos qualquer possibilidade de obter acesso a tais extratos, e nossa curiosidade científica parecia fadada ao fracasso.

Então, de repente, uma brecha se abriu. Em 2017, um rapaz chamado Yogi me procurou solicitando suporte científico para solicitar um habeas corpus preventivo que o autorizasse a plantar maconha destinada ao tratamento de sua mãe, com doença de Parkinson. Relatou-me que, após anos sofrendo fortes sintomas, a mãe fora por ele convencida a experimentar a Cannabis. Em questão de minutos após o primeiro uso a vida dela melhorou, junto à de toda a família. Logo a Cannabis se tornou seu único tratamento, substituindo um rol de remédios convencionais cheios de efeitos colaterais. Agora a família solicitava acesso legal à planta.

Prestei a ajuda requerida, mas logo me esqueci do assunto — considerava improvável que o pedido fosse atendido. Qual não foi minha surpresa quando um dia, chegando ao trabalho, encontrei um envelope timbrado da Justiça Federal do Rio Grande do Norte informando a decisão do juiz Walter Nunes. Quase caí da cadeira quando li o seguinte:

> ... seja concedida, initio litis e inaudita altera parte, ordem de salvo-conduto em favor dos Pacientes para assegurar que os agentes policiais do estado do Rio Grande do Norte se abstenham de atentar contra a sua liberdade de locomoção, em razão da presença concomitante dos requisitos periculum in mora e fumus boni iuris, e também por ser necessário segundo ordens médicas e reconhecido pelo órgão do Estado, de que a Paciente MÁRCIA precisa do tratamento com Cannabis medicinal, bem como fiquem impedidos de apreenderem as mudas das plantas utilizadas no respectivo tratamento terapêutico. Diante do exposto, DEFIRO a medida liminar requerida, concedendo aos pacientes Márcia Maria Saldanha Pacheco e Yogi Pinto Pacheco Filho salvo-conduto para que a autoridade coatora se abstenha de adotar qualquer medida voltada a cercear a liberdade de locomoção do paciente, na ocasião da importação de sementes, produção e cultivo do vegetal *Cannabis sativa* e *Cannabis indica*, com fins exclusivamente medicinais, suficientes para cultivo de 06 (seis) plantas, bem assim o transporte dos vegetais in natura entre a residência dos pacientes e o Instituto do Cérebro da Universidade Federal do Rio Grande do Norte, para parametrização com testes laboratoriais com a finalidade de verificação da quantidade dos

canabinoides presentes nas plantas cultivadas, qualidade e níveis seguros de utilização dos seus extratos.

A decisão judicial deu a Márcia e Yogi o suporte técnico que necessitavam para realizar uma terapêutica canábica cientificamente embasada, como já ocorria desde 2016 com várias famílias residentes no Rio de Janeiro, participantes do projeto FarmaCannabis coordenado por Virgínia Martins Carvalho, professora de toxicologia da Faculdade de Farmácia da Universidade Federal do Rio de Janeiro (UFRJ), em parceria com a Fundação Oswaldo Cruz (Fiocruz). O habeas corpus deu também impulso à criação da primeira associação de pacientes do Rio Grande do Norte, a Reconstruir.

Essa decisão teve ainda, como efeito colateral, o destravamento da pesquisa em camundongos epilépticos. Agora tínhamos acesso direto a diferentes extratos da planta e a curiosidade científica podia voar livremente. Ao mesmo tempo que a necessidade de cura moveu as placas tectônicas da terapêutica canábica, abriu caminho jurídico para que a necessidade de saber mais fosse atendida. Sob a coordenação de Claudio Queiroz, seguiram-se anos de experimentos realizados por pós-graduandos como Igor Praxedes, que afinal demonstraram a maior eficácia antiepiléptica do extrato rico em CBD, em comparação com o extrato rico em THC.[14] Enquanto o primeiro reduziu a duração e a gravidade das crises em todas as doses avaliadas, o segundo produziu efeitos diferentes dependendo da dose, com aumento das crises em doses mais baixas e diminuição em doses mais altas. Essa pesquisa pioneira dos efeitos comportamentais e eletrofisiológicos dos extratos de amplo espectro de canabinoides foi bem-sucedida na comparação com o CBD puro e o diazepam, um anticonvulsivante convencional.

Em 2017, a Associação Abrace Esperança (Abrace) da Paraíba tornou-se a primeira no Brasil a ter autorização para plantar, colher e processar as flores da maconha para fornecer óleos terapêuticos para seus associados. Corajosamente liderada por Cassiano Teixeira, a Abrace hoje fornece óleo de maconha para 40 mil pacientes, número que vem aumentando em cerca de mil pacientes por mês.

A força das mães e pais de pacientes é titânica, pois eles têm a máxima autoridade moral para realizar a desobediência civil em prol da vida. Na periferia do Recife, em barracos sem muros, mães e avós de crianças com epilepsia cultivam e fazem óleo de alta qualidade para suas crianças queridas. Ao arrepio da lei ou com habeas corpus, sozinhas ou em grupo, as pessoas estão plantando justiça com as próprias mãos. A Rede Reforma estima que o número de pacientes atendidos pelas associações ou indivíduos com habeas corpus passe de 70 mil. Para avançar na democratização do acesso, dezenas de associações criaram, em 2019, a Federação Nacional de Cannabis Terapêutica (FACT), da qual sou presidente de honra.

Muita água passou embaixo dessa ponte nos últimos dez anos, num fértil processo de mobilização da sociedade civil. Desde 2016, um grupo multidisciplinar de ativistas se aproximou das unidades de pesquisa federais por meio de uma articulação entre Margarete Brito, da Associação de Apoio à Pesquisa e a Pacientes de Canabis Medicinal (Apepi); Eduardo Faveret, Ricardo Nemer e Pedro Zarur, da Associação Abracannabis; Cecília Hedin-Pereira, da Fiocruz; e João Menezes e Virginia Carvalho, da UFRJ. Nessa época, a Fiocruz era presidida por Paulo Gadelha, que criou um grupo de trabalho sobre Cannabis medicinal coordenado por Hayne Felipe, então diretor de Farmanguinhos, a importante unidade produtora de medicamentos da Fiocruz. Em parceria, essas instituições promoveram diversos eventos de divulgação científica, cursos de cultivo e debate sobre saúde pública.

A neurobióloga Cecília Hedin-Pereira relembra a efervescência do encontro entre cientistas e cultivadores:

> Um dia Pedro Zarur nos chamou, a mim e a Virginia, colegas de GT, para entender o que estavam fazendo. Fomos para a casa dele na Tijuca e aprendemos que todos os *growers* da Abracannabis doavam flores para a produção de óleo para os pacientes. O Pedro Zarur transformou a cozinha e a sala da casa dele num laboratório. Carboxilavam, coavam [...] e usavam a máquina Magic Butter emprestada do Ricardo Ferreira, que depois trouxe uma para a Abracannabis. Compravam óleo de coco por vaquinha e faziam o óleo distribuído. A [variedade] Harletsu, o ortopedista Ricardo Ferreira trouxe da Califórnia e deu para Pedro e um amigo germinarem e selecionarem a cepa fêmea mais resistente. Fizeram trezentos clones dela e deram para a Cidinha [Carvalho], e outra parte foi distribuída para vários cultivadores do Rio de Janeiro e de outros estados. Entre eles a Margarete [Brito].

A maconha é como o gênio que escapou da lâmpada: uma vez livre, não pode mais voltar ao confinamento.

Em 2019, o respeitado médico Drauzio Varella lançou na internet — às 16h20 e com o sugestivo título de #DrauzioDichava — uma série de cinco episódios para debater o uso terapêutico da maconha que totalizou mais de 7,5 milhões de visualizações em quatro anos.[15] Em 2023, Rapha Erichsen lançou seu segundo documentário sobre a maconha terapêutica, *O outro mundo de Sofia*, retratando a luta de mais uma família apresentada rapidamente em *Ilegal*: Margarete Brito, Marcos Langenbach e sua filha Sofia, que tem a mesma síndrome de Anny.

A partir da doação, por cultivadores da associação Abracannabis, de mudas de plantas com alto teor de CBD, na pequena varanda de um apartamento em Botafogo, Rio de Janeiro, Margarete e Marcos obtiveram em 2016 o primeiro habeas corpus do Brasil para o plantio de maconha, a fim de prover tratamento para Sofia. Aos poucos foram expandindo sua produção de óleo de maconha e passaram a doar o excedente a outros pacientes. Junto ao neuropediatra Eduardo Faveret, então coordenador do Centro de Epilepsia do Instituto Estadual do Cérebro, mobilizaram uma extensa rede de familiares de crianças epilépticas e fundaram a Apepi. Em 2020, essa associação obteve uma autorização judicial, em um processo contra a Anvisa e a União Federal, para cultivar, transportar, manipular, pesquisar e fornecer óleo de maconha para famílias de todo o país. Em agosto de 2023, enquanto escrevo estas palavras, a Apepi tem cerca de 8 mil associados e inclui a cada mês mais de seiscentos novos associados.

Diante do vácuo regulatório e inação governamental sobre o uso terapêutico da maconha no Brasil, Abrace, Cultive e Apepi são apenas alguns exemplos da verdadeira explosão do número de associações de pacientes em todas as regiões do país. Dezenas de outros agrupamentos menores, muitas vezes organizados em torno de uma única família com bastante disposição para a luta, têm contribuído para salvar vidas enquanto o poder público não assume sua responsabilidade de prover os medicamentos necessários via Sistema Único de Saúde (SUS). Em 2023, entretanto, diversas iniciativas para incluir a terapêutica canábica no SUS foram deflagradas por assembleias legislativas em diversos estados do país.

Em 2022, a Sexta Turma do Superior Tribunal de Justiça (STJ) autorizou por unanimidade que três pessoas cultivassem a maconha para fins terapêuticos em suas casas. Desde então a decisão vem orientando decisões da Justiça em todo o país, provocando um aumento substancial na concessão de habeas corpus para plantio doméstico. A despeito do sucesso da judicialização, essa estratégia é limitante, pois não atende à maioria das pessoas que não podem, não querem ou não sabem fazê-lo.

Quando um direito excepcionalmente garantido a alguns passa a se generalizar, é hora de garanti-lo para todos. O projeto de lei nº 399/2015, aprovado por comissão especial da Câmara dos Deputados por apenas um voto de diferença em 2021 e ainda aguardando votação em plenário,[16] propõe condições objetivas para o cultivo de maconha com fins terapêuticos em solo nacional, tanto por empresas quanto por associações de pacientes, além de autorizar as Farmácias Vivas do SUS a cultivar plantas de maconha para a produção de produtos fitoterápicos. Embora esse projeto de lei represente um avanço substancial, ele favorece as grandes empresas ao estipular condições excludentes para a maior parte das associações de menor poder econômico. Além disso, não contempla o direito do cultivo domiciliar.

Ainda no campo dos avanços possíveis, em dezembro de 2022, quando eu já havia deixado o cargo de diretor, a Anvisa autorizou por unanimidade o Instituto do Cérebro da UFRN a importar, armazenar e germinar sementes da maconha, bem como cultivá-las e processá-las para pesquisa em modelos animais sobre a terapêutica canábica para epilepsias refratárias. A decisão fez da UFRN a primeira instituição do país a romper sem subterfúgios o bloqueio antipesquisa em torno da Cannabis. Isso foi possível porque o reitor da UFRN, José Daniel Diniz de Melo, atuou de forma inteligente junto à Anvisa para fazer valer o direito à pesquisa consagrado na legislação. Em suas palavras, a aprovação "representa um passo importante para o avanço das pesquisas desenvolvidas na UFRN e um marco histórico para a ciência brasileira".[17] Segundo o coordenador do projeto, Claudio Queiroz, com quem eu partilho a experiência iniciada em 2015,

> a hipótese é avaliar a existência de efeitos sinérgicos entre os fitocanabinoides no controle da excitabilidade neuronal [...]. Por meio da decisão histórica da Anvisa, a sociedade brasileira pode ver que é possível desenvolver pesquisa com Cannabis, em solo nacional, com segurança, rastreabilidade e responsabilidade. A UFRN poderá dar início a um sólido programa de pesquisa sobre a cannabis para fins terapêuticos em fase pré-clínica, contribuindo com o desenvolvimento científico, social e econômico.[18]

A movimentação pró-Cannabis no setor público aconteceu em paralelo a um grande crescimento do interesse privado na biomedicina canábica. Investidores e empreendedores como Patrícia Villela Marino (The Green Hub), Claudio Lottenberg e Dirceu Barbano (Zion MedPharma), José Roberto Machado (OnixCann), Viviane Sedola (Dr. Cannabis/Cannect) e Bruno Soares (Ease Labs) já investiram dezenas de milhões de reais na indústria farmacêutica e nos serviços associados à terapêutica canabinoide. Como tudo na vida, isso tem um lado bom e outro ruim. O lado bom é "a força da grana, que ergue e destrói coisas belas", como diria Caetano Veloso. O lado ruim é que muitos dos investidores de grande porte estão cada vez mais distantes dos movimentos sociais dos pacientes e suas associações, ou seja, de quem desbravou o caminho para a ampla aceitação da terapêutica canábica. Mesmo beneficiados pela desobediência civil de quem luta na base pelo direito à saúde, os capitalistas da maconha — com honrosas e necessárias exceções — tendem a se afastar dessa base, sob o argumento de que são organizações ilegais que não atendem às regras do *compliance* coorporativo.

Tomando distância para considerar o todo da sociedade, é evidente, a despeito de todas as dificuldades, que o alinhamento (estratégico ou apenas tático) dos interesses legítimos de pacientes e familiares, cultivadores, cientistas e empresários está dando o *ippon* na proibição da maconha terapêutica no Brasil. Estamos apenas no início de uma profunda transformação. Com impactos abrangentes e multifacetados que vão da neurologia e da psiquiatria à oncologia, endocrinologia e geriatria, a maconha está para a medicina do século 21 como os antibióticos estiveram para a medicina do século 20.

Se você achou essa afirmação exagerada, vale a pena ler a declaração prestada em 1997 ao Congresso dos Estados Unidos por Lester Grinspoon, professor de psiquiatria na Universidade Harvard:

> Senhor presidente e membros do subcomitê, agradeço a oportunidade de comparecer perante vocês esta manhã e compartilhar minhas opiniões sobre o uso da maconha como medicamento [...]. Em 1928, Alexander Fleming descobriu a penicilina. Essa descoberta foi deixada de lado até 1941, quando as pressões da Segunda Guerra Mundial e a necessidade de outro antibiótico além da sulfonamida obrigaram dois investigadores a examiná-la e, em apenas seis pacientes, demonstraram como era útil como antibiótico. Na verdade, a penicilina ganhou a reputação de droga milagrosa dos anos 1940. Por que foi chamada de droga milagrosa? Um, porque era notavelmente não tóxica; dois, porque uma vez produzida em grandes quantidades, era muito barata; e três, porque era extremamente versátil; tratava de tudo, de pneumonia a sífilis.
>
> A Cannabis tem alguns paralelos notáveis com a penicilina. Em primeiro lugar, é notavelmente segura. Embora não seja inofensiva, certamente é menos tóxica do que a maioria dos medicamentos convencionais que poderia substituir se estivesse disponível legal-

mente. Apesar de ser usada por milhões de pessoas ao longo de milhares de anos, nunca causou uma morte sequer por dosagem excessiva. Em segundo lugar, a Cannabis, uma vez livre da tarifa de proibição, será bastante barata. E então, como a penicilina, é notavelmente versátil. É útil em vários sintomas e síndromes.[19]

Quase três décadas depois dessa declaração contundente, o fato de ainda haver dificuldade em debater o tema no Brasil expressa a enormidade de nosso atraso na regulação do uso terapêutico da maconha. Se você ainda está em dúvida sobre que posição adotar nessa discussão, considere o que teria acontecido se a penicilina não tivesse sido amplamente adotada durante a Segunda Guerra Mundial...

Nasceu na China a flor do Ganges

Mas afinal, de onde veio essa planta tão útil? A maconha não é dádiva natural nem prenda divina, mas sim o produto da relação íntima e persistente entre planta cultivada e seres humanos cultivadores. Durante todo o período Paleolítico, nossos ancestrais desenvolveram ferramentas de múltiplas funções com pedras, paus, peles e ossos. E então, entre 30 e 20 mil anos atrás, quando a última era glacial ainda fustigava de granizo a maior parte das populações humanas na Eurásia, alguns de nossos antepassados tiveram uma ideia brilhante que viria a transformar nossa sociedade para sempre: usar outro ser vivo como ferramenta, convertendo um inimigo terrível em amigo do peito. Foi necessária muita clarividência para enxergar no filhote do lobo um cão de guarda fiel, capaz de proteger pessoas em vez de atacá-las. Por seleção artificial e integração social, os vorazes lobos, sempre à espreita dos idosos e crianças em torno dos acampamentos, foram geneticamente transformados e psicologicamente cooptados para proteger, com a própria vida se necessário, a integridade física dos membros mais vulneráveis de uma família humana. Nossos ancestrais fizeram de um dos mais perigosos predadores um aliado versátil capaz de exercer inúmeras funções fundamentais para a vida humana: vigia, soldado, pastor, animal de tração, farejador, guia, amigo, terapeuta, bobo da corte, travesseiro, resgatador e fornecedor de bebidas alcoólicas a pessoas soterradas por avalanches alpinas.

Vale enfatizar que não se trata de uma descoberta fortuita das 1001 utilidades de espécies preexistentes — as diferentes espécies de lobo —, mas sim da progressiva transformação de seu genoma* através do cruzamento seletivo dos organismos com certo fenótipo de interesse, como a presença ou ausência de agressividade, a abundância ou falta de pelos etc. Uma vez que essa seleção foi produzida pela ação consciente de seres humanos, de modo intencional e transgeracional, foram sim criados — vale dizer, inventados — centenas de genótipos** distintos, que correspondem a outras centenas de fenótipos*** distintos. Nossa íntima relação com os cachorros forjou uma aliança inédita entre espécies inteligentes e sociais, altamente benéfica para ambas. Criou também uma forma distinta de olharmos para outros seres vivos, não apenas como quem deseja ou teme o diferente, mas como quem constrói a partir dele uma forma de vida bastante familiar. Depois da invenção dos cães nunca mais fomos os mesmos.

Com o fim da última era glacial, há cerca de 12 mil anos, novas fronteiras geográficas abriram-se para a ocupação humana, e seguiu-se uma cascata de novas domesticações. A domesticação de animais em posição ecológica de predador — os lobos — foi seguida pela de diversas espécies animais em posição eco-

---

* Genoma é o conjunto hereditário de informações genéticas de uma espécie, armazenado na estrutura do ácido desoxirribonucleico (DNA).
** O genótipo corresponde ao conjunto completo dos genes de um organismo.
*** Fenótipo é o conjunto de traços observáveis de um organismo, de caráter comportamental, morfológico, fisiológico e bioquímico, resultante da interação entre genótipo e meio ambiente.

lógica de presa. Nossos parentes logo passaram a cruzar seletivamente os ancestrais do que hoje chamamos de ovelhas, cabras, porcos, vacas, lhamas, cavalos, camelos, galinhas, patos e muitos outros animais. Em paralelo, entre 10 mil e 3 mil anos atrás, foram domesticadas quase todas as plantas que hoje integram nossa dieta: trigo, ervilha, oliva, arroz, cana-de-açúcar, banana, gergelim, berinjela, figo, aveia, sorgo, batata, milho, feijão, abóbora, dendê, girassol, café e quase tudo o mais que a boca humana come.

Chama atenção que, para cada uma das espécies domesticadas, que incluem animais e vegetais, mas também fungos e bactérias, tenha surgido uma enorme quantidade de variedades distintas, com sabores, funções e efeitos específicos. Afinal, faz muita diferença ser protegido por um rottweiler ou por um pinscher.

Foi nesse contexto de ultraespecialização genética e cultural, a serviço das múltiplas necessidades humanas, que surgiu a Cannabis a partir de um estoque genético atualmente representado por plantas selvagens e variedades nativas da China. A palavra Cannabis parece vir da expressão hebraica/aramaica "kaneh bosm" que pode ser traduzida como "cana aromática". Então, *Cannabis sativa* significa "cana aromática cultivada", em latim. Portanto, a domesticação neolítica da espécie selvagem de Cannabis que viria a originar as centenas, talvez milhares de tipos de maconha hoje cultivados no planeta tem paralelo genuíno com a domesticação dos lobos em mais de 350 raças de cachorros, daí o trocadilho "cãonabis" que uso para falar da planta.

A análise comparativa de genomas de maconha originários de muitas regiões diferentes do planeta mostrou que ela foi domesticada pela primeira vez há aproximadamente 12 mil anos, no leste da China.[1] Essa datação bem no início do período Neolítico faz da maconha uma forte candidata a mais antigo cultivo vegetal do mundo. Excelente para fazer cordas, tecidos, papel, alimento e remédios, a maconha coevoluiu com a espécie humana durante o longo período de criação e maturação do pastoreio e da agricultura, até se tornar um caso de amor inconteste a partir da Idade do Bronze (de 3300 a.C. a 1200 a.C.). Com o tempo a planta foi se disseminando para além da cordilheira do Himalaia, alcançando a Índia, o Afeganistão e a Sibéria.

Ao final da Idade do Bronze, começaram a separar-se geneticamente os dois principais tipos de Cannabis: o cânhamo e a maconha. A pesquisa identificou diversos genes responsáveis por essa divergência, tais como os que controlam os padrões de ramificação, a biossíntese da celulose, da lignina e de canabinoides psicoativos. Esse processo gerou três subespécies — *Cannabis*

O preparo de *bhang* no Turcomenistão

O povo da etnia hmong tecendo
cânhamo em um tear

sativa, *Cannabis indica* e *Cannabis ruderalis* — que viriam a ter um grande impacto cultural nos povos dessas regiões.

Um dos indícios desse impacto é a história da Dama de Gelo, múmia encontrada nas gélidas montanhas Altai da Sibéria, num riquíssimo ritual fúnebre que pode ser datado de cerca de 500 a.C., uma vez que as condições do túmulo foram preservadas sob o permafrost. Uma reconstrução do corpo mumificado indicou que se tratava de uma bela mulher de aproximadamente 25 anos. Tinha a pele coberta por tatuagens elaboradas de fantásticas criaturas, trajava um enorme cocar, vestia preciosas roupas de seda coloridas e estava rodeada por três cavalos, provavelmente sacrificados para acompanhá-la em sua viagem além da vida. Os ricos pertences depositados no túmulo e as sofisticadas tatua-

Comparação entre *Cannabis sativa, indica* e *ruderalis*

Cannabis sativa

gens indicam que se tratava de alguém com elevada posição social, possivelmente uma xamã ou liderança política.

Uma análise da múmia por ressonância magnética detectou sinais de câncer de mama, com provável metástase nas vértebras torácicas. Curiosamente, entre os vários objetos preciosos encontrados na tumba, como joias, ouro e um espelho chinês, havia um recipiente com maconha. Poderia a Dama do Gelo ter tratado com maconha as terríveis dores, ansiedade, insônia e inapetência que acompanham o crescimento e disseminação do câncer? Teria ela tentado frear o crescimento do tumor com a erva? As pesquisas mais recentes sugerem que sim.

Esse antigo uso de canabinoides está relacionado ao aumento do apetite e ganho de peso em pacientes oncológicos.[2] Receptores canabinoides e as moléculas endógenas que a eles se ligam são excessivamente produzidos em diferentes tecidos tumorais.[3] Além disso, o aumento da quantidade de endocanabinoides é frequentemente associado à agressividade do câncer.[4] Diversos canabinoides presentes na maconha possuem atividade anticancerígena em modelos in vitro e in vivo de câncer de pele, próstata, pulmão, mama e glioma, entre outros.[5] A atividade anticancerígena dos fitocanabinoides está ligada à sua capacidade de regular vias de sinalização críticas para o crescimento e sobrevivência celular, levando à inibição da proliferação e migração das células, inibição da angiogênese* e da metástase,** bem como à indução de apoptose.*** Dois ensaios clínicos sobre o uso de CBD para o tratamento de glioblastoma relatam efeitos muito promissores em termos de regressão desse tipo muito agressivo de câncer.[6] Outro ensaio clínico com 119 pacientes com diferentes tumores sólidos apresentou redução no tamanho do tumor em 92% dos pacientes quando o óleo de CBD foi administrado.[7]

Poderosa ciência, morosa ciência! A revolução canábica é um incrível resgate do passado. Na China, há evidências arqueológicas do cultivo da maconha para a obtenção de fibras usadas na fabricação de tecidos, cordas e papel há 6 mil anos. Tais materiais foram encontrados, por exemplo, no túmulo do imperador Wu da dinastia Han (156-87 a.C.).[8] O ideograma para maconha, ma (麻), mostra duas plantas sob uma cobertura protetora. Magu, a deusa taoísta da alimentação, cura e proteção feminina, foi (e ainda é) cultuada na China, Coreia e Japão em associação com o cânhamo. A utilização terapêutica das resinas da maconha também se desenvolveu cedo na China, sendo incluída no Pen-Ts'ao Ching, a mais antiga farmacopeia

---

* A angiogênese é o processo de formação de novos vasos sanguíneos a partir de outros anteriormente existentes.

** A metástase é o processo pelo qual as células cancerosas se desprendem do tumor principal, entram na circulação sanguínea ou linfática e se espalham por outros tecidos e órgãos.

*** A apoptose, ou morte celular programada, é um processo auto-organizado que desempenha papel essencial na eliminação de células supérfluas ou defeituosas.

A imortal Magu com veado e pessegueiro. Tapeçaria de seda, China, dinastia Ming ou Qing, c. 1575-1725.

Seshat, a deusa egípcia da escrita e do conhecimento

do mundo, compilada há cerca de 2 mil anos e atribuída ao imperador Shen Nong, mítico criador da agricultura e medicina chinesas, que teria vivido há 4,7 mil anos.[9]

Nessa compilação de tradições orais muito antigas, a maconha é indicada para tratar dores reumáticas, constipação intestinal e distúrbios ginecológicos. O fundador da cirurgia chinesa, Hua T'o (110-207 d.C.), prescrevia maconha para anestesia durante a realização de operações dolorosas.[10] Hoje sabemos que a maconha efetivamente ajuda em todos esses quadros, por suas propriedades analgésicas e anti-inflamatórias.

E apesar da origem chinesa, foi na Índia que se enraizou de modo mais profundo, há aproximadamente 3 mil anos, a utilização da maconha como remédio do corpo e da alma. A planta é parte integral de tratamentos medicinais e rituais religiosos ao norte e ao sul do Ganges, o rio que deu à maconha um de seus principais apelidos, cunhado na Índia e especialmente usado na Jamaica, na cultura do reggae: ganja.[11]

A maconha desempenha um papel central na medicina, mitologia, filosofia e práticas meditativas hindus. Nos últimos três milênios, foi usada na Índia quase como uma panaceia, sendo indicada para tratar dores, epilepsia, tétano, raiva, ansiedade, reumatismo, infecções, verminoses, diarreia, cólica, inapetência e asma. O Atharva Veda, uma compilação de textos sagrados datada entre os séculos 12 e 9 a.C., lista a maconha como uma das cinco plantas sagradas, capaz de promover liberdade e alegria. Referências antigas ao uso terapêutico da maconha também ocorrem nas escrituras Satapatha Brahmana (entre os séculos 10 e 8 a.C.) e Sushruta Samhita (entre os séculos 4 a.C. e 6 d.C.).[12] O "Compêndio da essência da medicina" de Vangasena, um texto aiurveda do século 11 d.C., prescreve a Cannabis para aumentar a felicidade e a duração da vida com boa saúde.[13]

Outro local em que o uso terapêutico da maconha parece ter se estabelecido precocemente foi o Egito.[14] O papiro de Ebers, datado de cerca de 1500 a.C., contém uma prescrição de maconha como anti-inflamatório vaginal. Vestígios de maconha foram encontrados em múmias do Egito Antigo,[15] e o pólen da planta foi detectado na tumba de Ramsés III, que morreu em 1213 a.C.

Seshat, a "Senhora da Casa dos Livros", antiga deusa egípcia da escrita e do conhecimento, relacionada a saberes tão diversos quanto a contabilidade, a astrologia e a arquitetura, era usualmente representada como uma escriba com um braço estendido no ato de escrever. Sobre a cabeça, uma folha que se parece muito com uma folha de maconha, embora outras interpretações sejam possíveis.

Assim como os egípcios, também assírios, persas, dácios, citas e hebreus usaram a maconha como incenso inebriante. Escavações realizadas em Tel Arad, sítio arqueológico israelense perto da fronteira sul do antigo Reino de Judá, descobriram vestígios de maconha num santuário de 2700 anos. O achado apoia a noção, defendida por alguns historiadores, de que a maconha era parte integral dos rituais religiosos praticados no judaísmo antigo.

No islamismo, a tradição sufi celebra o consumo da maconha como uma forma de induzir o transe espiritual. Alguns teólogos chegam a atribuir a descoberta da maconha ao xeque Haydar, um importante líder sufi do século 12. Desde então, disseminou-se a partir do mundo muçulmano a preparação conhecida como haxixe, basicamente um concentrado de resinas oriundas das flores fêmeas da maconha. Apesar da relação do sufismo com a utilização espiritual e psicoativa das flores, as correntes hegemônicas do Islã louvaram na planta apenas as suas fibras. A utilização do cânhamo para produzir papel foi uma marca da cultura islâmica a partir do século 12, que se espalhou pelas margens do Mediterrâneo e do Saara nas caravanas dos mercadores árabes.

Depois de alcançar o Irã, os Balcãs, o Egito, a Etiópia, a África subsaariana e o sul da Europa, a maconha afinal chegou à América no século 16, pelas mãos tanto de europeus quanto de africanos.[16] Nos séculos seguintes, os colonizadores e seus descendentes espalharam pela América o cultivo do cânhamo com finalidades têxteis. Thomas Jefferson, principal redator da Declaração de Independência dos Estados Unidos em 1776, afirmou que "o cânhamo é de primeira necessidade para a riqueza e proteção do país". George Washington, o primeiro presidente do país, declarou: "Aproveite ao máximo a semente de cânhamo indiano e semeie em todos os lugares".[17] Para suprir sua indústria naval, a Coroa portuguesa criou em 1783, no Rio Grande do Sul, a Real Feitoria do Linho Cânhamo.[18]

Enquanto os brancos mandavam cultivar o cânhamo para produzir roupas, sacos, cordas, lonas e velas de navios, os negros escravizados traziam da África sementes de plantas ricas em resinas, de grande valor para apaziguar o imenso trauma físico, emocional e espiritual causado pela diáspora.[19] Foi proveniente de Angola a primeira avalanche de africanos trazidos à força para o Brasil no início da colonização.[20] Isso explica por que são de origem angolana as palavras maconha, liamba e diamba, popularmente usadas no Brasil para designar a Cannabis.* Explica também por que o uso de maconha fumada — o "pito do pango" — foi proibido pela Câmara Municipal do Rio de Janeiro em 1830.

Apesar dessa proibição, até os anos 1930, era relativamente comum no Brasil o uso da maconha como planta sagrada nas manifestações religiosas de matriz afro-indígena, como o candomblé e o catimbó.[21] Fora dos terreiros, geralmente aos sábados, homens negros se reuniam em torno dos mais velhos para pitar maconha em "assembleias" ou "confrarias" em que faziam a resenha semanal misturando diversão, transe profano e a discussão de assuntos comunitários.

Esse antigo costume afro-brasileiro se parece com as "sessões de raciocínio" da religião rastafari na Jamaica, nas quais a maconha é consagrada na discussão de problemas coletivos, mas também na realização de cânticos e orações capazes de promover uma aproximação individual mais íntima com a divindade Jah.[22] Para os adeptos do rastafarianismo, a maconha é uma

---

* A palavra kimbundu "mariamba" significa "Cannabis" e se relaciona diretamente às palavras "marimba" na Colômbia e Cuba, "marijuana" no México e "maconha" no Brasil.

eucaristia atribuída a tradições etíopes tão antigas quanto Jesus Cristo, capaz de evocar o vínculo de amor divino que une todas as pessoas através da expressão "I and I", "eu e eu", que significa o diálogo interno com a própria consciência, mas também "você e eu", "nós", no diálogo externo entre diferentes consciências.

Mesmo implacavelmente perseguida, a maconha se espalhou por toda a América e hoje faz parte dos hábitos de povos tão diversos quanto mexicanos, pernambucanos e baianos. No coração profundo da floresta amazônica a maconha ainda é odiada como droga, mas também é amada como planta sagrada de inúmeras utilidades para o ser humano, tendo até se incorporado às cosmologias e tradições de povos indígenas cheios de força vital, como os altivos tenetehara, os resistentes krahôs e os esplendorosos huni kuin.[23]

Nada disso é de surpreender. Há 3 mil anos, ao final da Idade do Bronze, nossos ancestrais já domesticavam variedades espe-

O pôster, em inglês, diz "Liamba, a droga psíquica da floresta" e mostra certo estigma com a Cannabis

cíficas de maconha, separadamente cultivadas para a produção de fármacos ou fibras.[24] Hoje estima-se que existam milhares de variedades genéticas dessas plantas, que se diferenciam pelos distintos teores de seus componentes químicos. Vivemos o princípio africano chamado "sankofa": o resgate do que ficou para trás. Talvez um futuro ancestral que possa até mesmo adiar o fim do mundo, nas palavras sábias de Ailton Krenak.[25]

No debate sobre a legalização do uso terapêutico da maconha, é muito comum escutar a analogia equivocada com a jararaca para justificar a proibição do cultivo da planta. Para entender o argumento é preciso considerar que existe um peptídeo no veneno da jararaca que reduz a pressão arterial. Um análogo sintético desse peptídeo, descoberto em 1965 pelo cientista brasileiro Sérgio Henrique Ferreira, está disponível nas drogarias como remédio para hipertensão. A analogia infame dos proibicionistas é que ninguém deveria ter uma planta de maconha em casa, assim como ninguém deveria ter uma jararaca, pois tanto a planta quanto o réptil seriam muito perigosos.

Esse raciocínio capenga se baseia na falácia de que apenas a extração química de um único princípio ativo puro poderia dar segurança terapêutica aos pacientes. Segundo esse pensamento, a jararaca é um animal muito perigoso, mas uma única molécula isolada de seu veneno — um inibidor da enzima conversora da angiotensina I chamado captopril — é benéfico. Por analogia, a maconha seria uma perigosa planta, mas uma única molécula análoga àquela isolada de suas flores — o CBD — seria útil à medicina.

Não é difícil perceber a fraude intelectual: ao contrário do veneno da jararaca, as moléculas da maconha são benignas para quase toda a população adulta, com exceção de pessoas integrantes de grupos de risco — como qualquer outra substância, pois todas têm seus grupos de risco. As interações bioquímicas entre os componentes do veneno da jararaca atuam no sentido da morte, enquanto as interações entre os componentes da maconha atuam no sentido da vida. Com todo respeito às jararacas, prefiro a companhia da maconha.

Uma variante desse argumento falacioso é a que considera a maconha análoga aos isótopos radioativos: úteis à medicina, mas tão perigosos que demandam o controle estrito, monitorado e contínuo de cada planta e cada flor, tudo devidamente rotulado com códigos QR, portas duplas, câmeras de vídeo e segurança armada. Esse auê em torno de uma simples e útil planta cultivada desde o Neolítico denota ignorância e pânico moral.

Maconha não é veneno mortal de jararaca nem radioativo césio 137. Uma metáfora bem mais moderada e útil à discussão que precisamos aprofundar é que a maconha está para as plantas como os cachorros estão para os animais: são invenções humanas, feitas para satisfazer necessidades humanas. Essa analogia não é apenas pedagógica, mas é também cientificamente rigorosa. Como vimos no início do capítulo, nossa relação com a maconha se dá no contexto amplo da domesticação de animais e plantas pelos seres humanos. Faria sentido perguntar se o cachorro é benéfico, se devemos legalizá-lo? Há algo de tragicômico nisso tudo.

É claro que nossos contatos com o cão e com a maconha também podem dar errado, se forem mal realizados. Nossas invenções não são boas em si mesmas, pois seus efeitos dependem do uso que fazemos delas. Embora tenham sido geneticamente selecionadas para resolver problemas humanos, as inúmeras variedades de cachorro e de maconha podem ter seu uso deturpado. A proteção das pessoas atacadas por cachorros ou que fazem uso problemático de Cannabis não virá da tentativa de banir esses organismos moldados por seres humanos, mas do conhecimento científico sobre potenciais malefícios, grupos de risco e medidas protetivas. Outra espécie domesticada ajuda a explicar a questão. Há pessoas intolerantes ou alérgicas ao glúten. Deveríamos por isso proibir o plantio e o consumo do trigo? A intolerante proibição desserve ao pão, ao cão e à razão.

O fato inquestionável é que a maconha é uma planta extremamente útil, herdada de quem veio muitíssimo antes de nós. Não honrar, celebrar e disseminar esse legado ancestral é ao mesmo tempo herético e estúpido. Na verdade, o problema não é exatamente a legalização da maconha, pois seu uso terapêutico está efetivamente autorizado no Brasil desde 2017, quando passou a ser importado e vendido nas farmácias um spray nasal à base de Cannabis para tratar a espasticidade provocada pela esclerose múltipla. Um frasco com 30 mililitros contendo 27 mg/ml de THC e 25 mg/ml de CBD é vendido atualmente por cerca de 3 mil reais. A maconha está, portanto, perfeitamente legalizada no Brasil há vários anos, mas isso se aplica apenas aos materialmente mais ricos.

Os verdadeiros problemas são a falta de acesso e o estigma social. Por essa razão, cada vez mais pessoas acionam a Justiça para garantir a importação e fornecimento pelo SUS de caríssimos medicamentos à base de maconha, apesar do custo bastante reduzido de produção do óleo de amplo espectro em território nacional, que permanece ilegal. Para o Brasil, importar maconha equivale a importar macaxeira. Simplesmente uma vergonha.

A ciência das flores

Ao debater a legalização da maconha, muitas vezes me deparei com o argumento paradoxal de que seu uso terapêutico é proibido porque não há pesquisas suficientes para justificá-lo, e que essas pesquisas não são possíveis porque ela é proibida. A verdade é que os estudos canábicos não são de hoje e, bem antes que o proibicionismo se alastrasse, muita pesquisa foi produzida embasando sua terapêutica.

Em 1839, o médico irlandês William Brooke O'Shaughnessy publicou um estudo detalhado das propriedades medicinais da maconha, realizado quando servia ao Exército britânico na Índia. Nesse estudo O'Shaughnessy demonstrou com sucesso o uso de preparações de maconha para tratar convulsões, espasmos e reumatismo. Suas descobertas apenas confirmaram para os europeus o que o conhecimento tradicional sobre a planta já afirmava há muito tempo em outros continentes:

> Os efeitos narcóticos do cânhamo são popularmente conhecidos no Sul da África, América do Sul, Turquia, Egito, Oriente Médio, Ásia, Índia e nos territórios adjacentes dos malaios, birmaneses e siameses. Em todos esses países, o cânhamo é usado de várias

formas, pelos dissipados e depravados, como o agente pronto para uma intoxicação agradável. Na medicina popular dessas nações, o encontramos extensivamente empregado para uma infinidade de afecções. Mas na Europa Ocidental, seu uso como estimulante ou remédio é igualmente desconhecido.[1]

O estudo de O'Shaughnessy despertou grande interesse científico pela maconha e dezenas de artigos foram publicados sobre o assunto ainda no século 19. A medicina europeia passou a utilizar a maconha amplamente, na forma de extratos, tinturas e até cigarros para combater a asma, os catarros e a insônia. Grandes empresas farmacêuticas como Bristol-Myers Squibb nos Estados Unidos e Merck na Alemanha passaram a comercializar produtos à base de maconha. Uma compilação de 1922[2] listava como principais utilidades terapêuticas da maconha seus efeitos analgésicos, ansiolíticos, sedativos e digestivos. Um compêndio médico de 1930 lista as seguintes propriedades terapêuticas do extrato de maconha:

> Hypnotico e sedativo de acção variada, já conhecido de Dioscórides e de Plínio, o seu emprego requer cautela, cujo resultado será o bom proveito da valiosa preparação como calmante e anti-spasmódico [...]. É empregado nas dyspepsias [...], no cancro e úlcera gástrica [...] na insomnia, nevralgias, nas perturbações mentais... dysenteria chronica, asthma etc.[3]

Apesar do amplo reconhecimento de suas propriedades terapêuticas, a maconha foi progressivamente estigmatizada durante as décadas de 1920 e 1930, até ser completamente banida da medicina hegemônica. Infelizmente o Brasil desempenhou um papel importante nesse processo, por meio do testemunho enganoso prestado pelo médico Pernambuco Filho durante a II

Conferência Internacional do Ópio, promovida pela Liga das Nações em 1924. Falando em Genebra como representante de um país com uso endêmico de maconha, Pernambuco Filho afirmou que a maconha seria "ainda mais perigosa que o ópio". Essa opinião estapafúrdia foi veementemente apoiada pelo representante do Egito, outro país em que o uso da maconha era prevalente. A partir desse evento, começou a firmar-se em fóruns internacionais a noção de que a maconha deveria ser globalmente banida.[4]

Ao contrário do que muita gente supõe, entretanto, esse expurgo não foi causado por nenhuma legítima razão científica ou biomédica, mas sim por interesses comerciais contrários ao cânhamo — as indústrias do algodão e, logo depois, do náilon — e por interesses políticos racistas, contrários aos negros e pardos no Brasil, e aos negros e mexicanos nos Estados Unidos. Filmes e livros de propaganda enganosa começaram a ser produzidos e disseminados com recursos públicos.

Em 1932, os Estados Unidos criaram o Departamento Federal de Narcóticos, e seu diretor, Harry Anslinger, passou a propagar a ideia de que a maconha seria uma fábrica de pervertidos e criminosos. Em 1935, um cartaz produzido por essa divisão estatal mostrava um baseado e dizia: "Cuidado! Jovens e velhos — pessoas em todas as fases da vida! Isso pode ser entregue a você por um estranho amigável. Ele contém a droga assassina 'Marihuana' — um poderoso narcótico no qual espreita Assassinato! Insanidade! Morte!". Outro cartaz da mesma época mostrava uma mulher vestindo lingerie e penhoar e outra, de visual similar, sendo injetada por um homem com uma seringa, ao lado dos dizeres: "Marihuana: A erva daninha tem raízes no inferno. Orgias estranhas, festas selvagens, paixões desenfreadas. Fumaça que entra nos olhos dos jovens. O que acontece nas festas de maconha?". No centro do cartaz,

Cartazes difamatórios do Departamento Federal de Narcóticos dos Estados Unidos

uma mão demoníaca segurava cigarros com os rótulos "luxúria", "crime", "tristeza", "ódio", "vergonha" e "desespero". Ao lado, uma seringa estampava "miséria".

No ano seguinte, em 1936, o filme *A porta da loucura*, em inglês *Reefer Madness*, encenou de forma apelativa a narrativa oficial sobre a maconha, propagando para grandes plateias a ideia de que o consumo da planta leva à insanidade mental e à morte. O filme mostra jovens estudantes que se tornam "viciados" em maconha por traficantes sedutores, o que os leva a uma espiral descendente de crimes que vão da lesão corporal por negligência até o estupro, o assassinato premeditado e o suicídio. Com toda essa propaganda agressivamente negativa, não surpreende que o público em geral tenha desenvolvido um imenso temor à maconha. O terreno ideológico estava afinal preparado para o Marihuana Tax Act de 1937, que proibiu oficialmente a maconha em todo o território dos Estados Unidos.

A despeito de todas as suas utilidades têxteis e terapêuticas, milenarmente conhecidas, no transcorrer da década de 1930 a planta foi caluniada, vilipendiada e acabou por ser totalmente proibida no Brasil, México, África do Sul, Canadá, Indonésia, Tailândia e Reino Unido, entre diversos outros países. Em 1961, as Nações Unidas firmaram uma convenção internacional para banir diversas substâncias, entre elas a maconha. Para a maior parte das pessoas do planeta, a maconha passou a ser considerada um tóxico terrível, um entorpecente perigoso. Cultivou-se essa propaganda negativa até enraizar-se um persistente pânico moral.

Mas como foi que começamos a superar todo esse retrocesso? A revolução que transformou a erva maldita em remédio cada vez mais valorizado pela sociedade não teria acontecido sem uma revolução correspondente no conhecimento científico relacionado à maconha e suas incríveis moléculas. Se um dia o prêmio Nobel for concedido pelas descobertas que hoje embasam a terapêutica canábica, dois geniais cientistas serão certamente lembrados por merecerem o prêmio, mesmo já não estando entre nós.

O israelense Raphael Mechoulam (1930-2023) liderou as principais descobertas mundiais sobre os mecanismos biológicos e psicológicos da maconha. Nos anos 1960, ele identificou que o THC era o principal constituinte psicoativo da planta.[5] Mechoulam esteve também associado às descobertas pioneiras do brasileiro Elisaldo Carlini (1930-2022), seu amigo e colaborador, na demonstração durante os anos 1970 e 1980 dos efeitos antiepilépticos do CBD — primeiro em camundongos, e depois em seres humanos.[6] Recentemente, esses resultados foram confirmados por rigorosos ensaios clínicos controlados, aleatorizados e duplo-cegos, ou seja, por testes em que os pacientes testados foram divididos em grupos aleatórios, nos quais nem pesquisadores nem pacientes sabiam qual substância estava sendo ministrada.[7] Já nos anos 1990, Mechoulam e sua equipe descobriram a anandamida, a primeira molécula identificada como endocanabinoide, isto é, um canabinoide endógeno, produzido pelo próprio corpo, mas capaz de se ligar ao mesmo receptor CB1 ao qual se liga o THC produzido pela planta.[8]

Depois de décadas reprimida, a pesquisa biomédica sobre a maconha e seus constituintes finalmente alçou voo. Durante o ano de 1992, quando Mechoulam e sua equipe descobriram a anandamida, 123 estudos sobre canabinoides foram publicados em todo o mundo. No ano de 2022, três décadas depois, foram publicados 2662 estudos, um aumento de mais de vinte vezes.

Por causa das pesquisas de Mechoulam e Carlini, milhares de cientistas em todo o planeta hoje exploram a melhor forma de utilizar a maconha e seus derivados para tratar de uma ampla gama de doenças, assim como para compreender melhor o papel dos endocanabinoides na manutenção do equilíbrio fisiológico.

Durante meu doutorado e pós-doutorado, testemunhei esse aumento vertiginoso do interesse científico em canabinoides. Nos primeiros congressos internacionais de neurociência dos quais participei, em meados dos anos 1990, quase ninguém se interessava pelo assunto. As sessões de pôsteres sobre o tema não atraíam muitos interessados e o novo campo parecia apenas uma curiosidade, merecedora no máximo de uma nota de rodapé nos livros-texto de metabolismo ou fisiologia. Em pouco tempo, entretanto, o interesse explodiu e ano após ano o assunto passou a ocupar cada vez mais espaço na programação científica dos congressos. O sistema endocanabinoide deixara de ser um apêndice dos livros-texto para se tornar um capítulo fundamental de qualquer material didático biomédico que almejasse estar atualizado. Hoje ninguém duvida de que a compreensão do sistema endocanabinoide é essencial para a compreensão biológica não apenas dos seres humanos, mas de todos os vertebrados (a situação nos invertebrados ainda não é consensual).

E enquanto alguns avanços já foram feitos, outros permanecem em elaboração. Diversos pesquisadores têm buscado compreender os mecanismos pelos quais os canabinoides reduzem crises epilépticas, espasmos e tremores. Quando canabinoides são administrados a ratos de laboratório, seus neurônios não aumentam nem diminuem as taxas individuais de atividade elétrica, mas passam a se ativar coletivamente com um grau menor de sincronia, isto é, tendem a disparar com pequenos adiantamentos ou atrasos uns em relação aos outros.[9] O efeito prático dessa redução de sincronia entre grandes populações neuronais é a inibição de ritmos aberrantes ou excessivos, como os que se impõem numa convulsão ou na discinesia da doença de Parkinson, sem que ocorra, entretanto, uma inibição das oscilações elétricas normais que produzem comportamentos necessários a uma vida saudável. Mecanismos semelhantes podem estar envolvidos no uso bem-sucedido do óleo rico em CBD para tratar diversos sintomas do autismo,[10] um transtorno que também pode envolver descargas epilépticas.[11]

Yang, Yin e muitas outras moléculas

Nas flores da maconha podem ser encontradas mais de quinhentas moléculas de interesse biomédico, no entanto, quase a totalidade da pesquisa científica feita até agora se concentrou apenas no THC e CBD, as duas moléculas particularmente abundantes na maior parte das variedades da planta. Com a mesma fórmula química ($C_{21}H_{30}O_2$) e praticamente idêntica estrutura molecular, THC e CBD produzem efeitos bem diferentes em nosso metabolismo, em nossa fisiologia e psicologia.

O THC é uma molécula pequena e rígida que ativa fortemente as duas principais proteínas receptoras de canabinoides no corpo, chamadas CB1[1] e CB2.[2] Essas proteínas se localizam na superfície de diversos tipos de células, inclusive neurônios e

As duas principais moléculas canabinoides da maconha, THC e CBD, possuem estrutura molecular quase idêntica e efeitos psicológicos quase opostos

células do sistema imune, e sua ativação provoca diversas alterações no metabolismo dessas células.

Em comparação com o THC, falta ao CBD uma ligação entre dois átomos de carbono. Esse pequeno detalhe faz do CBD uma molécula mais flexível, menos rígida, que não consegue estabelecer uma ligação estável com a região específica das proteínas receptoras em que o THC se liga. Por outro lado, justamente por ser uma molécula mais flexível, o CBD se liga fracamente a diversas regiões de várias proteínas receptoras. Entre outros efeitos, o CBD inibe a capacidade do THC de se ligar às proteínas receptoras CB1 e CB2.

A consequência disso é que, para a maior parte das pessoas, THC e CBD têm efeitos opostos. Enquanto o THC provoca euforia e aceleração dos pensamentos, o CBD acalma a mente e facilita o sono. Por essa razão, essas duas moléculas que costumam ser as mais abundantes nas flores da maconha explicam a visão tradicional da medicina chinesa, atribuída ao imperador Shen Nong, de que a maconha contém energias Yang e Yin, isto é, princípios complementares que se prestam a inúmeras funções dependendo da proporção entre um e outro.

A dicotomia fisiológica entre THC e CBD deu origem à noção de que as duas principais variedades de maconha, a *Cannabis sativa* e a *Cannabis indica*, seriam respectivamente ricas em THC e CBD. Essa dicotomia também levou à classificação da maconha em três principais tipos químicos: o quimiotipo 1 com predominância de THC, o quimiotipo 2 com equilíbrio entre THC e CBD, e o quimiotipo 3, com predominância de CBD. Embora essa classificação seja bem útil à pesquisa, ao mercado farmacêutico e à adoção de políticas públicas cientificamente embasadas, a realidade molecular da maconha é bem mais complexa, interessante e promissora, pois inclui três grandes famílias de moléculas: canabinoides, terpenos e flavonoides.

O canabigerol (CBG), por exemplo, é um canabinoide que vem atraindo atenção crescente por ser capaz de reduzir ansiedade, dor crônica, depressão e insônia,[3] com efeito particularmente intenso no aumento de apetite —[4] o que tem aplicação direta no tratamento da caquexia* frequentemente observada em pacientes sob quimioterapia.[5]

Outra fronteira da pesquisa com canabinoides é a possibilidade cada vez mais concreta de frear ou mesmo reverter, com a administração deles, os danos cognitivos da doença de Alzheimer e outras consequências do envelhecimento. A beta-amiloide é uma proteína malformada que se acumula e se aglomera dentro das células com o passar do tempo, o que parece ser agravado por hábitos deletérios como sono ruim, alimentação ultraprocessada e falta de exercícios físicos e intelectuais.[6] A toxicidade dessa aglomeração proteica inicia uma resposta inflamatória que pode levar à morte celular, construindo passo a passo, por anos a fio, os múltiplos sintomas cognitivos da doença de Alzheimer.[7] Nos últimos anos, pesquisas do Instituto Salk nos Estados Unidos mostraram que o THC e outros canabinoides como o canabinol (CBN) podem estimular a remoção de proteína beta-amiloide do interior dos neurônios, bloqueando a resposta inflamatória e potencialmente protegendo o cérebro da doença de Alzheimer.[8]

Muitas outras moléculas canabinoides aguardam o trabalho dos cientistas, e há evidências recentes de que as distinções entre as múltiplas variedades de *Cannabis sativa* e *Cannabis indica* dependem até mais dos terpenos do que dos canabinoides.[9] Os terpenos são os principais constituintes dos óleos essenciais que fornecem deliciosos aromas, como o cheiro de limão e

---

* Caquexia é a perda intensa e patológica de tecidos adiposo e muscular, com grande aumento da inflamação. Ocorre em diversas doenças e é frequente em alguns tipos de câncer.

de abacaxi encontrados nas flores da maconha e em muitas outras plantas, com diversas propriedades analgésicas, anti-inflamatórias e antimicrobianas.[10] Um dos terpenos mais comuns, o limoneno encontrado nas frutas cítricas, diminui os níveis das proteínas inflamatórias chamadas citocinas, e apresenta efeitos cicatrizantes e antidepressivos em modelos animais.[11]

Estamos apenas no início de uma incrível jornada de descobertas sobre as propriedades terapêuticas das múltiplas combinações possíveis de tantas moléculas diferentes. Imagine uma mesa de edição de som cheia de botões. Qual é o número total de possibilidades sonoras diferentes? Inúmeras... Pensando nessa analogia, é possível compreender por que existem flores com efeitos tão diversos. Há flores boas para rir, se concentrar, se distrair, dormir, trabalhar, esperar, brincar, gozar ou parir. Assim como no caso do vinho, os efeitos das flores dependem não apenas da sua genética, mas também das características da sua colheita, maturação (cura), extração e administração.

É importante saber que a maconha em estado natural não contém THC nem CBD, mas sim suas formas ácidas, THCA e CBDA, que não são psicoativas e que produzem robustos efeitos neuroprotetores,[12] isto é, atrasam ou evitam a morte de células nervosas. Quando esses canabinoides ácidos são aquecidos acima de um limiar de temperatura, sofrem uma reação química de descarboxilação que os converte em THC e CBD. É por isso que a maconha costuma ser aquecida para consumo, seja durante a extração do óleo, seja pela queima, vaporização ou cozimento da erva. Diferentes temperaturas durante a maturação, extração e administração afetam as concentrações relativas de THC, CBD e inúmeras outras moléculas, como os terpenos, que se volatilizam a temperaturas relativamente baixas.

Tudo isso é importante porque a pesquisa recente vem confirmando a noção de que as moléculas da maconha atuam de forma cooperativa na produção de diversos efeitos terapêuticos, como a dinâmica compensatória entre THC e CBD. Essa cooperação molecular, denominada de "efeito comitiva" por Raphael Mechoulam e colaboradores,[13] vem se mostrando uma vibrante fronteira de pesquisa científica.[14] O beta-cariofileno, por exemplo, um terpeno de cheiro quente, amadeirado e picante, amplifica os efeitos analgésicos do CBD.[15] Outros terpenos, como o alfa-humuleno, geraniol, linalol e beta-pineno, também apresentam efeitos aditivos com canabinoides. Um estudo de caso clínico recentemente publicado relata o uso bem-sucedido de uma mistura contendo diversos terpenos — alfa-pineno, limoneno, linalol, beta-cariofileno e nerolidol — para reverter a tolerância induzida após três anos de tratamento contínuo com CBD em um adolescente com quadro de autismo.[16] A tolerância induzida é a perda de eficácia[17] após alguns meses de tratamento. Assim, embora o óleo de maconha rico em CBD e com teor mínimo de THC seja sabidamente eficaz para tratar diversos tipos de epilepsia, ao menos em certos casos é preciso que haja ação dos terpenos para que essa eficácia seja mantida.

Além dessa combinação, pacientes epilépticos e seus familiares muitas vezes relatam obter melhores resultados quando usam óleos contendo também uma pequena dose de THC. Isso é contraintuitivo porque o THC isoladamente pode ter um efeito contrário ao desejado, piorando o quadro epiléptico. Porém, quando combinado ao CBD, e dependendo do tipo de epilepsia, é possível que o THC exerça outro papel.

Um dos maiores especialistas em sistema endocanabinoide da América Latina, o biólogo Renato Malcher-Lopes da Universidade de Brasília (UNB), cujo filho Cauê foi diagnosticado com transtorno de espectro autista (TEA) ainda na infância, vê no efeito comitiva uma perspectiva concreta de vida melhor para o paciente e seus familiares. Após trinta meses de tratamento apenas com o CBD, o pai e a mãe de Cauê, Claudine Ferrão, decidiram adicionar o THC à terapêutica, e aprovaram o resultado. Segundo Renato, "vi um efeito mais contundente. Para as particularidades do meu filho, o CBD e o THC combinados trazem mais ganhos. É importante ressaltar que não é uma cura, mas é um ganho estável que atua na reconfiguração do cérebro".[18] Cauê passou a dormir mais de sete horas por noite, em vez de três ou quatro horas, e os episódios de automutilação cessaram.

A experiência bem-sucedida com Cauê motivou Renato, Patricia Montagner e uma equipe de pesquisadores de diversas instituições brasileiras a fazer uma análise retrospectiva de vinte pacientes com sintomas de TEA tratados com óleo de Cannabis de amplo espectro de canabinoides, em um regime de dosagem individualizado e baseado em respostas. Dezoito pacientes começaram com um protocolo de titulação de óleo rico em CBD e, em três deles, o óleo rico em CBD foi gradualmente complementado com baixas doses de um óleo rico em THC. Os resultados foram principalmente positivos para a maioria dos sintomas: dezoito em vinte pacientes apresentaram melhora na maioria dos sintomas centrais e comorbidades do autismo e na qualidade de vida, de si mesmos e de suas famílias, com efeitos colaterais leves e pouco frequentes. Além disso, o estudo mostrou pela primeira vez que o óleo de Cannabis de amplo espectro é eficaz para tratar a alotriofagia ou picamalácia típica do TEA, que consiste na vontade irresistível de comer coisas que não são comestíveis.[19]

A busca amorosa e científica do tratamento mais adequado para Cauê só foi possível pelo diálogo intenso de Renato com médicos como Paulo Fleury e Leandro Ramires, também pai de um menino com TEA e epilepsia e então presidente da Associação Brasileira de Pacientes de Cannabis Medicinal (AMA+ME), uma das primeiras associações criadas no Brasil em 2015.[20] A bravura pioneira desses e de outros médicos prescritores ajudou a naturalizar na opinião pública algo que a ciência demonstra: a maconha pode tratar o TEA com sucesso, reduzindo ou mesmo eliminando ataques de raiva e episódios de automutilação.[21]

Pensando na terapêutica canábica, o que seria melhor? Uma única molécula retirada da planta e purificada, para uso em doses exatas, ou um extrato fitoterápico com amplo espectro de moléculas constituintes, para uso em faixas de dosagem um tanto flexíveis? A resposta depende de cada caso específico. Com certeza há quadros clínicos e patologias que demandam a primeira abordagem, como certas epilepsias em que o tratamento com CBD isolado é o mais indicado. Entretanto, em muitas outras situações, como em outros tipos de epilepsia e muitos casos de ansiedade, depressão ou TEA, a segunda abordagem pode ser suficiente e até mesmo imprescindível para evitar a tolerância e compensar os efeitos euforizantes e sedativos do THC e do CBD, respectivamente.

Pensemos por exemplo no uso de analgésicos para dor de cabeça. Não usamos uma balança a cada dosagem para saber exatamente nosso peso corporal e assim poder calcular e pesar qual fração de um comprimido devemos ingerir. O que a maioria das pessoas faz é simplesmente trabalhar em faixas de dosagem, que correspondem a meio, um, dois ou mais comprimidos. Outro exemplo útil é o da vitamina C. Sabemos que precisamos ingeri-la regularmente para evitar doenças como o escorbuto, mas não sabemos exatamente a dose que ingerimos diariamente por meio das frutas cítricas.

Essa questão da dosagem é importante porque o lobby das grandes empresas farmacêuticas quer convencer o público de que apenas as moléculas purificadas em doses muito precisas têm eficácia terapêutica e o sacrossanto selo de aprovação da ciência. Isso é uma mentira mal-intencionada, pois é muito mais caro e complicado purificar as substâncias do que utilizar os extratos de amplo espectro, que podem ser preparados a custo baixíssimo por associações de pacientes ou mesmo em casa.

As parcerias entre cultivadores, associações, universidades e institutos de pesquisa podem viabilizar um ecossistema verdadeiramente diversificado para o desenvolvimento de produtos terapêuticos à base de Cannabis, com indivíduos, associações e empresas de todos os portes ocupando todos os inúmeros nichos do mercado, favorecendo o mais amplo acesso aos medicamentos sem negligenciar o direito à informação sobre as doses dos diferentes constituintes, o prazo de validade, o grau de pureza, possíveis contaminantes e os grupos de risco.

Evidentemente, não interessa à indústria farmacêutica nenhuma opção de maconha terapêutica que não lhe renda royalties, por isso ela tenta inviabilizar a abordagem fitoterápica, acusando-a de ineficaz ou anticientífica. Nem uma coisa nem outra. Felizmente, países como Canadá, Holanda, Israel e Uruguai deram passos largos na utilização clínica das flores in natura e do óleo de maconha feito a partir de extratos de amplo espectro.[22] Além da diferença de custo, isso é importante porque nem sempre o tratamento com uma única molécula mantém sua eficácia por muito tempo, como já mencionei.

A verdade é que ainda estamos engatinhando no conhecimento sobre o efeito comitiva e as múltiplas possibilidades terapêuticas criadas pela combinação de doses diferentes de CBD, THC e as centenas de outras moléculas presentes na maconha, que interagem com centenas de moléculas no interior das células.[23] Não existem relações dose-resposta simples, mas sim interações complexas que ligam droga (*substance*), corpo (*set*) e contexto de uso (*setting*). Isso também é verdade para outras substâncias, como os antidepressivos e a ayahuasca. O que sabemos definitivamente é que o foco excessivo nos compostos puros impede uma perspectiva equilibrada sobre a importância do efeito comitiva e pode dificultar a vida de muitos pacientes.

Maconha não mata neurônios, os faz florir

A ideia de que a maconha prejudica o cérebro e torna as pessoas preguiçosas é amplamente disseminada em todo o planeta. Na Austrália, em 2015, uma propaganda negativa apresentava um usuário como um bicho-preguiça, lento e ineficaz.[1] Em 2021, a polícia do Espírito Santo apreendeu uma nota falsa na qual havia o desenho de um bicho-preguiça e de uma folha de maconha, estampando o sugestivo valor de 420 reais —[2] uma alusão ao horário universal de consumo de maconha, 16h20.

Causa constrangimento que os proibicionistas, senhores tipicamente vetustos e antiquados, psiquiatras, policiais e deputados, insistam no pânico moral contra a maconha afirmando que ela causa indolência e baixo desempenho cognitivo. Na tentativa de estigmatizar os "maconheiros" como pessoas que escolheram "ter miolo mole" e viver "na preguiça", emulam a crítica colonial capitalista à suposta indolência dos indígenas e africanos violentamente escravizados. O delegado de polícia e deputado federal Laerte Bessa foi condenado a pagar indenização de 30 mil reais ao ex-governador do Distrito Federal Rodrigo Rollemberg por chamá-lo publicamente de "frouxo", "vagabundo", "preguiçoso", "incompetente" e, claro, como não podia deixar de ser, "maconheiro".[3]

Um desafio se impõe a esses senhores e seus preconceituosos argumentos: se compararmos usuários adultos de maconha com uma amostra pareada de usuários de uísque, Prozac ou Rivotril, quem vai se sair melhor em testes de memória de curto prazo, memória de longo prazo, acesso ao repertório de memórias, flexibilidade cognitiva, criatividade, desempenho desportivo, vitalidade profissional e satisfação sexual?

Além do preconceito contra a maconha, a ideia tão disseminada de que ela "emburrece" está plantada em muita ignorância. Parte do problema é a confusão entre as memórias de curto prazo, que usamos para guardar temporariamente uma informação relevante para a navegação no cotidiano ("onde deixei meus óculos?", "a que hora marcamos a reunião?") e as memórias de longo prazo, que nos dão o repertório de vivências integradas e entrecruzadas que chamamos de inconsciente, de onde sai todo relato autobiográfico — e também toda a imaginação.

Para compreender a diferença, imagine que suas memórias são guardadas numa mochila que vai crescendo ao longo da vida, acomodando novas experiências a cada dia. Durante a vigília, as novas memórias vão se acumulando perto da abertura da mochila, ainda pouco integradas às memórias antigas, localizadas em regiões mais profundas da bolsa. Horas depois, durante o sono, as memórias recentes são integradas às memórias antigas, sendo movidas e reorganizadas para otimizar o uso do espaço.

As memórias operacionais são temporárias e nunca se aprofundam na mochila, pois são jogadas fora logo após seu uso. As memórias de longo prazo, ao contrário, vão se aprofundando à medida que o tempo passa, podendo permanecer na mochila por toda a sua vida.

É bem sabido que o THC isoladamente causa um déficit transitório na memória operacional.[4] O CBD, por outro lado, protege essa memória[5] e pode mitigar o prejuízo causado pelo THC.[6]

Usuários inexperientes ou ocasionais de maconha podem ter dificuldades cognitivas, podendo não conseguir terminar uma frase, o que alimenta o estereótipo do maconheiro bobo. O consumo de flores com alto teor de THC e baixo teor de CBD pode levar a situações embaraçosas, como perder objetos que estão à vista ou esquecer-se do assunto conversado há poucos instantes. O que a maioria das pessoas não sabe, entretanto, é que as flores ricas em THC têm efeito positivo na memória de longo prazo.

Esse fato surpreendente foi atestado com simplicidade pelo multitalentoso artista brasileiro Nelson Motta, numa entrevista concedida em 2019, quando tinha 75 anos:

> Tenho uma memória incrível, não sei por quê. Fumo maconha todos os dias, há 55 anos. Talvez seja por ter começado tarde, ali com uns vinte anos. Dizem que quando se começa cedo é que afeta os neurônios. Meu pai falava que eu era a prova viva desse mito. É bom preservar isso, né? À medida que as pessoas vão envelhecendo, o HD vai enchendo.[7]

Ao longo de toda a vida, durante o sono, nosso cérebro produz e seleciona novas conexões sinápticas.[8] Entretanto, com o tempo, essa capacidade, chamada sinaptogênese, vai diminuindo. Algo semelhante acontece com a formação de novos neurônios no hipocampo,[9] uma região cerebral essencial para a aquisição de novas memórias, mas essa capacidade, chamada neurogênese, diminui bastante após a adolescência.[10] A explicação para a "memória de elefante" descrita por Nelson tem a ver com a capacidade do THC e outros canabinoides de promover a formação de novos neurônios e novas sinapses, isto é, conexões entre neurônios.

Num experimento feito com camundongos adultos verificou-se uma redução na capacidade de produção de novos neurônios em animais desprovidos de duas proteínas receptoras de canabinoides, a proteína CB1 e a proteína vaniloide (VR1). Em outras palavras, esses receptores canabinoides exercem um papel central na regulação da neurogênese.[11]

Um experimento subsequente demonstrou que o canabinoide sintético HU210 não apenas promove neurogênese em ratos adultos, como produz efeitos ansiolíticos e antidepressivos em decorrência do aumento da neurogênese.[12] Curiosamente, esse é o mesmo mecanismo que parece explicar o efeito terapêutico dos antidepressivos convencionais.[13] Uma maneira de compreender de que forma o aumento da neurogênese reduz a ansiedade e a depressão é considerar que novos neurônios, por definição, não se lembram do passado. Sua ativação, portanto, não contribuirá para a dolorosa ruminação de memórias que produz pensamentos negativos.

Num terceiro experimento também com camundongos, Andreas Zimmer e outros pesquisadores da Universidade de Bonn, na Alemanha, demonstraram que animais adultos tratados por 28 dias com uma dose moderada de THC tiveram uma grande melhora do desempenho cognitivo.[14] Os efeitos positivos em testes de navegação espacial, reconhecimento de objetos e reconhecimento de outros indivíduos foram capazes de equiparar o desempenho cognitivo de animais idosos tratados com THC ao desempenho de animais jovens não tratados com THC. Curiosamente, em camundongos jovens o resultado foi inverso, isto é, o tratamento com THC piorou o desempenho cognitivo, de modo semelhante ao que já havia sido relatado em estudos com adolescentes humanos.

Os pesquisadores investigaram os efeitos do tratamento com THC na expressão gênica dentro dos neurônios dos camundongos para compreender os mecanismos causadores desses efeitos díspares dependentes da idade. Para interpretar os resultados dessa pesquisa é preciso lembrar que embora todas as células do corpo de um organismo tenham os mesmos genes, cada célula usa, isto é, *expressa* a cada instante uma combinação muito específica e particular de seu genoma, o seu conjunto de genes. São as diferenças de expressão gênica entre as células que conferem suas diferenças morfológicas e funcionais, fazendo com que algumas sejam neurônios enquanto outras são células musculares, adiposas, hepáticas, renais etc.

O que Andreas Zimmer e seus colaboradores descobriram é que os benefícios cognitivos do tratamento crônico com THC em animais adultos são mediados pelo aumento da expressão de genes que promovem a formação de novas sinapses, bem como pela redução da expressão de genes que promovem o envelhecimento. Com os jovens, entretanto, acontece o contrário. É como se o THC rejuvenescesse os idosos e envelhecesse os jovens. A observação microscópica das projeções celulares chamadas espinhas dendríticas, nas quais são realizadas as sinapses neuronais, confirmou que o THC tem efeitos opostos em animais jovens e idosos. Em animais idosos o THC melhora a estabilidade das espinhas dendríticas, enquanto em animais jovens o THC as desestabiliza.[15]

O grupo de pesquisadores testou então a hipótese de que tais efeitos refletem o decaimento natural do sistema endocanabinoide ao longo do tempo. Essa hipótese foi formulada há mais de vinte anos, quando o grupo descobriu que camundongos geneticamente desprovidos de receptores CB1 tinham queda na atividade corporal, aumento da sensibilidade à dor e alta taxa de mortalidade,[16] como se envelhecessem mais rápido. Estudos subsequentes mostraram uma queda nos níveis cerebrais de receptores CB1 em camundongos idosos,[17] bem como uma redução dos níveis de uma das principais moléculas endocanabinoides, o 2-araquidonoilglicerol (2-AG).[18]

Os resultados obtidos em roedores foram compatíveis com os obtidos em seres humanos. Os níveis do receptor CB1 diminuem na idade adulta, após atingir o pico entre o nascimento e a infância. Os níveis da enzima que sintetiza o 2-AG têm um perfil semelhante a uma letra U de cabeça para baixo: são mínimos no início da vida e na idade adulta madura, atingindo o pico na adolescência. A ideia de que o envelhecimento do sistema endocanabinoide leva ao decaimento progressivo da estabilidade das sinapses e das funções cognitivas levou o grupo de Zimmer a sugerir que o sistema endocanabinoide sofre uma "crise de meia idade [...] que pode ser uma janela de tempo potencial para intervenções terapêuticas para anular o curso do envelhecimento cognitivo".[19] Em outras palavras, a administração de THC a pessoas idosas pode combater os efeitos adversos do decaimento do sistema endocanabinoide, mais ou menos como acontece em protocolos de reposição hormonal amplamente utilizados, como a administração de testosterona para mulheres na menopausa. O CBD, ao contrário, reduz a eficácia do THC na preservação cognitiva em animais idosos.[20]

Em conjunto, esses estudos exemplificam muito bem como é falsa e simplista a lógica maniqueísta das substâncias de Deus versus as substâncias do Diabo, como se o THC fosse um veneno e o CBD um bálsamo, independente da genética, da história de vida e das patologias do usuário. Nem o CBD é "do bem" nem o THC é "do mal". Ambas as moléculas têm enorme aplicação terapêutica e recreacional, com usos diferentes e complementares. Os estudos também corroboram aquilo que Nelson Motta, veterano apreciador de finas flores, expressou com perspicácia: maconha costuma fazer bem à mente dos adultos.

Vale a pena ler o relato detalhado feito por Carl Sagan de seu primeiro contato com a erva, publicado como texto apócrifo de autoria revelada após sua morte:

Eu tinha me tornado amigo de um grupo de pessoas que de vez em quando fumavam maconha, irregularmente, mas com evidente prazer. No início eu não estava disposto a compartilhar, mas a aparente euforia que a Cannabis produzia e o fato de que não havia nenhum vício fisiológico na planta uma hora me persuadiram a tentar. Minhas experiências iniciais foram totalmente decepcionantes; não houve nenhum efeito, e comecei a cogitar uma variedade de hipóteses sobre a Cannabis ser um placebo que funcionava por expectativa e hiperventilação, e não por química. Depois de cerca de cinco ou seis tentativas malsucedidas, no entanto, aconteceu. Eu estava deitado de costas na sala de estar de um amigo, examinando com preguiça o padrão de sombras no teto lançadas por um vaso de planta (não maconha!). De repente, percebi que estava examinando um Volkswagen em miniatura intrincadamente detalhado, claramente delineado pelas sombras. Eu estava muito cético quanto a essa percepção e tentei encontrar inconsistências entre os Volkswagens e o que eu via no teto. Mas estava tudo lá, desde calotas, placa, cromo e até mesmo a pequena alça usada para abrir o porta-malas. Quando fechei os olhos, fiquei chocado ao descobrir que havia um filme acontecendo dentro das minhas pálpebras. Instantâneo, uma cena campestre simples com uma casa de fazenda vermelha, um céu azul, nuvens brancas e um caminho amarelo serpenteando por colinas verdes até o horizonte. Instantâneo... mesma cena, casa laranja, céu marrom, nuvens vermelhas, caminho amarelo, campos violetas. Instantâneo, instantâneo, instantâneo. Os flashes ocorreram de uma vez, em um batimento cardíaco. Cada flash trouxe a mesma cena simples à vista, mas a cada vez com um conjunto diferente de cores, matizes primorosamente profundos e surpreendentemente harmoniosos em sua justaposição. Desde então, tenho fumado ocasionalmente e apreciado muito. Amplifica as sensibilidades entorpecidas e produz o que para mim são efeitos ainda mais interessantes [...]. Olhar para o fogo sob efeito [da maconha], aliás, especialmente através de um daqueles caleidoscópios de prisma que retratam o ambiente é uma experiência extraordinariamente bela e comovente. [...] Quando estou chapado, posso penetrar no passado, relembrar memórias de infância, amigos, parentes, brinquedos, ruas, cheiros, sons e sabores de uma era desaparecida. Posso reconstruir as ocorrências reais em eventos da infância apenas parcialmente compreendidos na época.[21]

Para resumir a mensagem deste capítulo, maconha é para adultos e idosos, não para crianças e adolescentes. Os jovens, a não ser quando acometidos por patologias bem específicas, devem evitar a maconha. Como veremos mais adiante, o uso precoce da maconha pode levar a quadros de desmotivação e baixo rendimento escolar. Quanto mais madura for a pessoa que usa as flores, maiores serão os benefícios e menores serão os riscos.

Viver com as flores

CULTIVAR AS FLORES

O verbo "cultivar" vem do latim medieval "*cultivare*", derivado do particípio perfeito do verbo "colo", que tem como significados possíveis os verbos "proteger", "cuidar", "honrar" e "adorar". Durante quase todo o período Neolítico, foi nas agroflorestas, jardins e pomares em torno das casas de cultivadores, e sobretudo cultivadoras, que a maconha e inúmeras outras plantas domésticas foram protegidas e carinhosamente cuidadas, criando as bases para a agricultura, a culinária e a farmacologia.[1] Foi a escolha sistemática e inteligente das sementes propagadas que produziu a maravilhosa variedade de plantas da qual dispomos hoje, uma herança de valor inestimável, que precisamos respeitar e usar com sabedoria. É impossível honrar a maconha sem honrar as inúmeras gerações de pessoas que a cultivaram nos últimos 12 mil anos. Não apenas seu trabalho braçal, mas também sua sabedoria.

O foco exclusivo em compostos puros produzidos pela indústria farmacêutica — além de perder de vista o efeito comitiva, como vimos no quinto capítulo, "Yang, Yin e muitas outras moléculas" — também impede uma perspectiva equilibrada sobre a importância do contexto do tratamento (*setting*), que pode ser essencial para uma cura bem-sucedida. O uso tradicional de plantas medicinais normalmente dá grande importância ao contexto do tratamento para manter a saúde e alcançar a cura, por meio de práticas que mobilizam fortemente a vontade de obtê-la. Esse processo se revela como efeito placebo positivo, adicional aos efeitos farmacológicos, causado pelo contexto das práticas terapêuticas e pelo modo como elas são interpretadas pelo paciente.[2]

Essa ideia é contraintuitiva para o senso comum, que aprendeu a entender o "efeito placebo" como algo indesejável por ser "falso", como se não pudesse gerar efeitos verdadeiros. Ao contrário, hoje sabemos que o efeito placebo pode efetivamente reduzir a atividade cerebral em áreas associadas à dor e às emoções negativas. Os efeitos positivos do placebo sobre a dor e a emoção podem ser muito úteis em quadros de depressão ou doença de Parkinson, por exemplo, por meio da ativação de sistemas motivacionais em regiões subcorticais.[3]

Pessoas que praticam jardinagem costumam ser tranquilas, minuciosas, solidárias e fiéis. No caso da maconha, a proibição adicionou outra qualidade: a coragem. Quando mães e pais de pacientes como Clárian, Sofia e Anny decidiram enfrentar os entraves da legislação para tratar suas crianças com óleo de maconha, muitas vezes foram os cultivadores clandestinos — também conhecidos como *growers* — quem as socorreram, fornecendo gratuitamente o remédio necessário, sem o qual a vida murcharia.

Dá gosto ver o respeito, atenção e mesmo adoração que essas pessoas têm em relação a suas plantas. Sabedoras de mistérios do dedo verde, conhecem seus ciclos e conseguem extrair de seu desenvolvimento as melhores flores do bem, repletas de exultantes e resinosos tricomas, as projeções epidérmicas das inflorescências de plantas fêmeas, que secretam canabinoides em altas concentrações. Sabem que as outras partes da planta, das folhas às raízes e sementes, têm incríveis propriedades terapêuticas e alimentares a explorar.[4] E sabem também que o cânhamo, por sua raiz profunda, características fisiológicas e metabolismo acelerado, pode ser usado com sucesso para extrair metais pesados e outros contaminantes do solo e da água.[5]

A todas e todos que fizeram e fazem esse trabalho em prol da humanidade, desde o fim da era glacial até hoje, um comovido agradecimento é devido. Ao mesmo tempo, é bonito compreender que todas essas pessoas receberam e recebem os benefícios diretos de sua prática, pois a jardinagem em si é benéfica para a saúde, por melhorar o bem-estar mental, aumentar a atividade física e reduzir o isolamento social.[6] Nas palavras do psiquiatra Oliver Sacks: "Em quarenta anos de prática médica, descobri que apenas dois tipos de 'terapia' não farmacêutica são de vital importância para pacientes com doenças neurológicas crônicas: música e jardins".[7]

Ainda resta muito a esclarecer sobre as potencialidades da relação amorosa entre a maconha e seus cultivadores, em inúmeros aspectos semelhante à relação de fidelidade mútua entre os cães e seus cuidadores. Qual é o efeito de realizar uma terapia canábica com flores que foram semeadas, cuidadas, acompanhadas, colhidas, manicuradas,* curadas e processadas por uma pessoa que as adora? Perguntar qual é a sinergia terapêutica entre as flores e seus cultivadores equivale a determinar qual é o efeito placebo positivo de estabelecer uma relação amo-

---

* A manicuragem consiste na remoção de folhas próximas das inflorescências.

rosa com a planta da qual se extrai o remédio que cura. A ciência do futuro nos dirá.

COMER COM AS FLORES

Um dos efeitos mais característicos do consumo das flores da maconha é o aumento do apetite, tanto pela potenciação da fome quanto pelo refinamento do paladar.[8] A famosa "larica", fome repentina experimentada por usuários de maconha, reflete a ação do THC, do CBG e possivelmente de outros fitocanabinoides sobre o hipotálamo, que através do sistema endocanabinoide promove o equilíbrio energético e estimula o apetite.[9] Em seu testemunho pessoal sobre a maconha, Carl Sagan disse que com ela "o prazer da comida é amplificado, emergem sabores e aromas que, por alguma razão, normalmente parecemos estar muito ocupados para notar. Sou capaz de dar toda a minha atenção à sensação".[10]

O poder da maconha sobre o apetite não é exclusividade dos seres humanos. Em ratos, o THC aumenta a resposta hedônica à sacarose sem aumentar a resposta aversiva a gostos desagradáveis. O efeito é mediado pelo aumento da liberação de dopamina no núcleo accumbens, uma região cerebral envolvida no reforço de comportamentos prazerosos.[11] Experimentos em camundongos mostraram que o THC também previne a habituação da sensibilidade a odores agradáveis, isto é, os animais tratados com THC não perdem o interesse pelos odores mesmo após exposição prolongada. Isso acontece porque o THC ativa receptores no bulbo olfativo do cérebro, aguçando o olfato e melhorando o gosto dos alimentos. Em consequência, os roedores continuam cheirando e comendo por muito mais tempo.[12]

A íntima relação entre maconha e apetite faz da planta uma

aliada poderosa na superação de quadros clínicos de desnutrição e caquexia. Ao promover o equilíbrio saudável entre gasto energético e ingestão alimentar, os canabinoides atuam diretamente na regeneração corporal. Para além de qualquer utilidade estritamente terapêutica, a maconha aguça a experiência sensorial da degustação. Não por acaso, viceja nos Estados Unidos e Canadá a gastronomia canábica,[13] que junta a fome com a vontade de comer. À medida que a legalização avança, mais e mais pessoas descobrem um segredo ancestral: curar com as flores pode ser tão gostoso quanto comê-las, ou comer outros alimentos logo após consumi-las.

SUAR COM AS FLORES

Quem acha que maconha e atividade física não se misturam conhece pouco — de uma, de outra ou de ambas. O uso de Cannabis no meio esportivo é um segredo de polichinelo entre atletas de esportes tão distintos quanto natação, surfe, skate e basquete. Mesmo assim, o assunto persiste um tabu em muitas esferas da sociedade. Uma pesquisa sobre as razões mencionadas anonimamente por pessoas que se exercitam sob efeito da maconha abrange os domínios fisiológico, psicológico, neuromotor e até espiritual dos entrevistados.[14] O nadador Michael Phelps, maior medalhista olímpico de todos os tempos, é um célebre usuário da maconha. Por que será? A verdade é que, antes ou depois do treino ou competição, distintas variedades de flores, com suas propriedades anti-inflamatórias e antioxidantes, podem favorecer o relaxamento e a regeneração muscular, reduzindo a dor e a ansiedade.

O ortopedista e especialista em dor, dr. Ricardo Ferreira, um dos pioneiros na prescrição de Cannabis no Brasil, constata:

Quem é atleta de alto desempenho, nas atividades físicas de alta performance, já reconhece o valor da Cannabis, tanto pela questão da prevenção de lesões, quanto na da recuperação do exercício físico, quanto também do controle da dor. [...] Vários atletas com histórico de [alto consumo] de longo prazo, gerações de vinte, trinta anos atrás, já tinham o relato de usar a Cannabis como forma de melhorar a condição física deles [...] Sem dúvida ela melhora muito a qualidade de vida e a capacidade da longevidade do atleta. Mesmo que a ciência ainda não tenha conseguido explicar totalmente como, empiricamente isso já existe há gerações de atletas que fazem uso da Cannabis como medicamento, principalmente em países onde existe esse acesso mais fácil. [...] O atleta tem uma predisposição a sentir dor relacionada à inflamação, e ele sabe que vai fazer alguma coisa que vai causar isso. Por exemplo, um corredor, ele sabe que vai ter um impacto, sabe que vai ter sobrecarga no joelho, no tornozelo, na panturrilha, ou na própria coxa, quer dizer, ele já prevendo isso, a utilização dos canabinoides pode ser interessante como forma preventiva da dor. Então você faz uma coisa preemptiva, antes de ter a dor você já tem a prevenção disso. E por outro lado, quando a gente fala em relação a prevenir [a dor] com os medicamentos que a gente tem na farmacologia, na farmácia, como anti-inflamatórios, como opioides, isso é impensável de se fazer, porque os efeitos adversos dessas substâncias a médio e longo prazo superam os benefícios.[15]

Em 2022, a Agência Mundial Antidoping (WADA) anunciou que vai revisar a permanência da maconha na lista de substâncias proibidas. No basquete profissional dos Estados Unidos o seu uso é tão prevalente que a poderosa National Basketball Association (NBA) fez um acordo com a associação dos jogadores para deixar de testar para uso de maconha no antidoping. Mais importante ainda, aboliu qualquer punição em caso de detecção. Tendência semelhante se percebe nas ligas profissionais de futebol americano, hóquei e beisebol.[16] O pânico moral contra a maconha está arrefecendo.

Os novos ares vêm permitindo que ex-jogadores da NBA como Matt Barnes abram o jogo sobre seu modo particular de beneficiar-se das flores: "Eu fumava maconha seis horas antes de um jogo. Tínhamos um treino de manhã, eu chegava em casa e fumava um baseado, tirava uma soneca, tomava banho, comia e ia jogar".[17]

Dependendo da variedade de flor escolhida, da dose e do intervalo entre dose e atividade física, é possível entregar-se ao sono reparador ou aumentar a motivação para suar. É importante, entretanto, manter-se longe das altas doses durante o exercício físico, pois a maconha pode aumentar a frequência e a pressão cardíaca, aumentando o risco de arritmias e acidentes vasculares.[18]

Exageros à parte, a tendência mundial é o fim das sanções esportivas contra a maconha, bem como o fim da hipocrisia. Nunca vou me esquecer de uma conversa séria que tive há mais de quinze anos com um maratonista que frequentemente avistava na praia de Cotovelo no Rio Grande do Norte, quando corria à beira-mar:

— Meu caro, me conta uma coisa.
 — Pois não.
 — Entre vocês maratonistas, que têm tanta inflamação nas articulações correndo tanto...
 — Quarenta e dois quilômetros.
 — Então, quantos usam maconha para ajudar na motivação, na dor ou na recuperação?
 — Ninguém.
 — Sério?

— Sim, ninguém.
— Ah, fala aí, meu. Na real.
— Ninguém. Sério.
— Sério mesmo?
— Não... todo mundo.
— Hahahaha!

AMAR COM AS FLORES

Se existe um exercício cardiovascular que bem poderia ser o último, é o sexo. Dizer que a maconha é um afrodisíaco não faz jus ao enorme leque de possibilidades que ela pode criar para aumentar a conexão, a comunicação e a fruição da transa, até alcançar o gozo profundo e nutritivo que (quase) todo mundo necessita para viver melhor.

A ciência corrobora o potencial erótico da maconha. Um estudo canadense sobre os efeitos do consumo da erva antes do ato sexual mostrou que a maior parte dos 216 participantes relatou aumento do relaxamento, da sensibilidade ao toque e da intensidade dos sentimentos, resultando numa experiência sexual mais prazerosa. Algumas pessoas, entretanto, reportaram sonolência e desconcentração, enquanto outros não experimentaram mudanças. Mesmo assim, 65% relataram aumento da intensidade dos orgasmos.[19]

Um estudo recente com 2790 participantes da comunidade universitária brasileira durante a pandemia de covid-19 mostrou que o aumento do uso de maconha nesse período melhorou a satisfação com a vida sexual.[20] Outro estudo também recente feito com 811 participantes dos Estados Unidos mostrou que mais de 70% relataram aumento do desejo e da intensidade do orgasmo, bem como aumento do prazer durante a masturbação, melhoria do tato e do paladar.[21] O aumento da libido provocado pela maconha é maior em doses baixas e médias do que em doses altas.

Ainda há muito a se (re)descobrir sobre as diferentes formas de usar a maconha para amar melhor. O uso de lubrificantes vaginais à base de maconha — popularmente conhecidos como "chapa xana" — tem promovido verdadeiras revoluções afetivas e sexuais na vida de mulheres. Na Índia, a maconha é usada para fins sexuais desde a Idade do Bronze, por sua capacidade de induzir o transe de fluxo incessante na mente. É milenar o uso do *bhang*, chá de folhas de maconha, para facilitar esse tipo especial de transe sexual. No sexo tântrico busca-se a iluminação da consciência pela meditação transcendental no ato sexual, a fim de alcançar a plenitude do êxtase enquanto se retarda a ejaculação e o próprio transcorrer do tempo.

A íntima relação entre os prazerosos efeitos da maconha e a alteração na percepção do tempo não passou despercebida por Carl Sagan:

> Cannabis também aumenta o prazer do sexo; por um lado, dá uma sensibilidade requintada, mas, por outro lado, adia o orgasmo, em parte por me distrair com a profusão de imagens que passam diante de meus olhos. A duração real do orgasmo parece aumentar muito, mas essa pode ser a experiência usual de expansão do tempo que acompanha o consumo de maconha.[22]

Para amar plenamente é preciso esquecer do relógio, do trabalho e da morte, para entregar-se completamente ao momento presente.

O TEMPO DAS FLORES

Talvez o mais misterioso de todos os poderes das flores da maconha sejam as modificações extremamente peculiares que causam na percepção da passagem do tempo. Um sacerdote taoísta do século 5 escreveu que a Cannabis era usada por "necromantes, em combinação com ginseng*[23] para adiantar o tempo a fim de revelar eventos futuros".[24] Sob efeito deles, dependendo da dose e da variedade, o tempo pode tornar-se líquido e viscoso até quase congelar, ou convergir ao infinito sem se atrasar. Se a mão pesar demais o tempo pode tornar-se desregrado, deslocalizado, desengrenado ou mesmo desmilinguido. Se estiver tudo bem haverá tempo para tudo, mas se as coisas estiverem perigosamente fora de lugar, com algo estranho no ar, o tempo pode escoar e sumir num segundo, ou mesmo rodopiar pelo mundo, a girar. Relaxado ou desconfiado, feliz ou preocupado, futuro ou passado, o tempo com a maconha é um estado único do estar. Profundamente arraigado no presente, fica óbvio — é só o presente o que há.

As pesquisas científicas feitas sobre o assunto mostram que a maconha tende a induzir uma superestimação do tempo.[25] Um estudo com cinquenta usuários regulares de Cannabis e 49 não usuários sugeriu que o ritmo interno dos usuários diminui após a administração de maconha.[26] Outro estudo sobre os efeitos agudos do THC, com desenho experimental duplo-cego, randomizado, contrabalançado, cruzado e controlado por placebo, mostrou em 44 indivíduos que todas as doses induziram superestimação de tempo, isto é, a impressão de que se passou mais tempo do que o que realmente transcorreu. Entretanto, enquanto usuários ocasionais ou não usuários apresentaram

---

* Curiosamente, o ginseng é rico em terpenos.

superestimação temporal em doses médias e altas, usuários frequentes de Cannabis não apresentaram mudanças significativas em qualquer dose.[27] Esse resultado evoca uma frase atribuída ao grande Mestre Pastinha da Capoeira Angola: "O que faço sorrindo você não faz nem zangado". Cada pessoa é diferente e aquilo que para iniciantes é muito difícil ou mesmo impossível, para iniciados pode ser fácil e delicioso.

Muitas pessoas relatam um aumento do foco atencional sob efeito da maconha, enquanto outras relatam o contrário, um aumento da distração. A ciência ainda sabe pouco sobre a relação complexa entre percepção temporal, hiperfoco naquilo que interessa e falta de atenção para o que não interessa. Uma metanálise recente mostra que pessoas diagnosticadas com transtorno do déficit de atenção com hiperatividade (TDAH) podem apresentar tanto melhora quanto piora de sintomas como impulsividade, dificuldade de concentração ou esquecimento sob efeito da maconha,[28] mas a pesquisa precisa progredir porque a concentração e a quantidade de THC e CBD usadas não foram bem medidas na maioria dos estudos, nem a genética dos pacientes foi caracterizada. O que para uns confunde e atrapalha, para outros elucida e apruma. Cada um é um, cada uma é uma.

O jornalista e escritor Otavio Frias Filho descreveu bem o equilíbrio criativo e emocional que alguns encontram na maconha:

> Todas as pessoas têm elementos centrípetos e elementos centrífugos na sua personalidade. Eu tenho, muito forte, esse elemento centrípeto. E a maconha me dá, ou me libera, o elemento centrífugo, que me dá um pouco mais de liberdade pra pensar mais solto, pra falar mais solto. Então é como se a maconha me pusesse no meio termo em que todo indivíduo deveria estar, idealmente. Porque ela me libera muito essa parte centrífuga. E, justamente, como eu

sou tão centrípeto, ela não me tira do eixo, ela não me deixa desorganizado. Eu consigo ler e escrever, me lembrar do que eu leio.[29]

Um depoimento semelhante vem de Nelson Motta:

Era uma coisa que além do bem-estar e de soltar a cabeça mesmo, para mim era uma coisa que aproximava, era também uma coisa proibida, o que dava mais valor, tinha uma coisa transgressiva que me agradava, e começou a ter algo, que mais me agrada, que é a produtividade. Foi uma coisa começar a escrever doido! E você tinha a possibilidade de reescrever no dia seguinte. Foi ficando cada vez melhor isto [...] meu hobby é trabalhar, então eu gosto de acordar cedo, tomar um bom café da manhã, acender meu baseado e começar. Aí a minha cabeça tá fresca, tudo funcionando bem, tenho minhas boas ideias, outras não tão boas, não interessa, e passei a funcionar assim.[30]

Para quem se especializa no uso da maconha durante a realização de qualquer tarefa, a prática sustentada termina por construir um fluxo inconsciente de gestos estritamente necessários — e apenas eles, nada mais. Como o arqueiro Zen, simplesmente um fazer bem-feito, sem tempo de errar o jeito, sem tempo de olhar para trás.

Liberdade para o Cãonabis!

Tragicamente, tanto no Brasil quanto nos Estados Unidos e em outros países do mundo, há muita gente pobre e preta encarcerada por usar ou vender maconha, enquanto os mais brancos e mais ricos não costumam ter esse problema. Uma dádiva vegetal de nossos ancestrais transformou-se em pivô da guerra do Estado contra os mais vulneráveis. Como disse o escritor Sebastian Marincolo, "a legalização da maconha não é um experimento perigoso — o experimento é a proibição e ela falhou dramaticamente, com milhões de vítimas em todo o mundo".[1] Por essa razão, o STF julga desde 2015 o Recurso Extraordinário 635 659, que concerne à descriminalização do porte de drogas para uso pessoal. Os cinco votos proferidos até a conclusão deste livro apontaram unanimemente para a descriminalização do porte de maconha.

Um dos mais geniais músicos de todos os tempos, o revolucionário trompetista e cantor Louis Armstrong (1901-1971), bravamente enfrentou por toda a vida adulta a repressão racista contra a erva que adorava fumar e compartilhar com amigos. Depois de superar os obstáculos de uma infância na pobreza extrema e quase completo abandono paterno, Armstrong largou a escola aos onze anos e passou a cantar e tocar trompete nas ruas de Nova Orleans em troca de algumas moedas. Aos dezessete anos foi contratado para integrar uma orquestra que subia e descia o rio Mississipi num barco a vapor. Nessa escola de música flutuante, o jovem Louis aprendeu a ler partituras à primeira vista e fazer solos no trompete. Poucos anos depois, seu transbordante talento o levou a Nova York e finalmente a Chicago, onde teve o primeiro contato com a maconha.

Foi paixão à primeira vista. Declarou: "É mil vezes melhor que uísque. É um assistente e um amigo".[2] A erva relaxante importada do México facilitava o bom humor e o improviso, marcas registradas de um novo gênero musical que começava a se espalhar com incrível vigor pelos Estados Unidos: o jazz. Com a maconha, o criativo e divertido trompetista tornou-se ainda mais criativo e divertido, compondo e gravando uma sequência de músicas extremamente bem recebidas pelo público, inclusive "Muggles", codinome para maconha, reputada como a primeira gravação de um improviso musical, em 1928.[3]

Armstrong gostava tanto da erva que insistia para que fosse consumida pelos músicos que integravam suas bandas antes das gravações, para que estivessem na mesma sintonia lúdica durante a execução de melodias cada vez mais livres de partituras. Artistas como Billie Holiday, Dexter Gordon, Cab Calloway e Bing Crosby buscavam inspiração e alegria nas animadas e esfumaçadas festas de Armstrong — ou Pops, apelido em referência ao "pai da maconha", por sua liderança em "fazer a cabeça" de tanta gente.[4]

Atravessando barreiras de raça e classe social, Armstrong foi um dos principais responsáveis por levar a música produzida nos bares e cabarés quase que exclusivamente frequentados pelo público negro e latino até os teatros, gravadoras e rádios que alcançavam o público branco dos dois lados do Atlântico.

No transcorrer das décadas de 1920 e 1930, o risonho e ousado rapaz de Nova Orleans viria a se tornar o rei do jazz, a primeira pessoa negra a conquistar aclamação mundial, muito antes de Pelé ou Muhammad Ali.

Numa época em que a segregação racial era lei e os linchamentos de pessoas negras eram corriqueiros, o jazz e a maconha desempenharam um papel essencial na resistência ao horror e na redução da tensão social. Nas palavras de Pops, "a maconha faz você se sentir bem, cara [...] te relaxa, te faz esquecer todas as coisas ruins que acontecem com um negro [...] é um isolante contra a dor do racismo". Mas o sucesso de Armstrong não o isolou do racismo humano, nem do racismo botânico. Pops foi preso por uso de maconha em 1931, e em 1948 o FBI abriu um arquivo secreto sobre ele. Mesmo assim, o lendário jazzista jamais deixou de defender a legalização da planta. Afinal de contas, como disse o ator Bill Murray, "a coisa mais perigosa sobre a maconha [é] ser pego com ela".[5] Os constrangimentos policiais vividos por Armstrong se parecem bastante com aqueles sofridos muitas décadas depois por outros gênios negros da música, como Gilberto Gil, o nigeriano Fela Kuti, Mano Brown e a banda Planet Hemp. Mesmo famosos e bem-sucedidos, sofreram os constrangimentos racistas da guerra contra a maconha.

Que ironia macabra, a criação de tanto medo e estresse em torno do consumo de uma planta calmante e relaxante! Marcelo D2, vocalista e fundador do Planet Hemp, relembra as sensações ao fumar seus primeiros baseados, há mais de três décadas:

> Eu busco sempre voltar a elas! As ondas dos primeiros beques...*
> Eu lembro que eram momentos introspectivos, de pensar na vida.
> Me vejo como um cara sensível, que sente o que está em volta,

---

* Mesmo que baseados, cigarros de maconha.

acho que a maconha potencializou isso em mim. Eu estudei pouco, tive pouco acesso à cultura, só comecei a me alimentar de cultura e conhecimento quando comecei a ganhar dinheiro e poder viajar. Naquele pequeno mundo em que eu vivia, a maconha me dava algo assim. A maconha até como terapia! Não tinha dinheiro para pagar terapeuta, então era fumar e ter pensamentos profundos, altos papos com os amigos.[6]

Por que impedir o acesso do povo trabalhador a essa medicina ancestral? Nas palavras de Mano Brown, vocalista do Racionais MC:

> Essa molecada que tá por aí nesses becos e vielas aí, vivendo essa vida louca, dirigindo moto o dia inteiro, né, aquela tensão, o braço duro, o ombro duro, o dia inteiro, perigo de vida por segundo, né, porque motoqueiro é isso: um perigo de vida a cada curva, a cada segundo [...], então chega aquele momento do dia que o cara só quer acender aquele baseado, sentar embaixo da árvore e falar: "Ufa: tô vivo".[7]

Para júbilo planetário, a guerra contra a maconha começou a acabar justamente onde foi inventada, nos Estados Unidos. Desde 2022, as autoridades federais de saúde vêm recomendando que a DEA relaxe as suas restrições à Cannabis e reclassifique a planta da Tabela 1, que inclui drogas consideradas de alto potencial de abuso e sem utilidade terapêutica, para a Tabela 3, com substâncias de menor risco[8] que podem ser pesquisadas quase sem restrições. Além disso, também em 2022, o presidente Joe Biden perdoou todas as pessoas encarceradas em nível federal por tráfico ou posse de maconha. Antes que processem o Estado pelos diversos prejuízos que sofreram, o governo vem tentando reparar os danos, dando preferência aos ex-detentos na concessão de licenças para comercializar maconha.

Em diferentes lugares do país, avança a negociação política para que parte dos impostos provenientes da comercialização da maconha seja direcionada para os programas de reparação dos danos causados pela sua perseguição. Essa pauta converge com a agenda mais ampla da reparação antirracista. Comentando as avançadas propostas legislativas para a reparação racial em debate na cidade de San Franciso, Justin Hansford, professor da faculdade de direito da Universidade Howard, enfatizou a necessidade de redistribuir recursos para corrigir as coisas: "Se você vai tentar pedir desculpas, você tem que falar na linguagem que as pessoas entendem, e o dinheiro é essa linguagem".[9]

No Brasil estamos muito longe disso, mas ativistas e organizações como a Rede Reforma propõem mecanismos semelhantes, tais quais o direcionamento das receitas geradas pelos impostos sobre a Cannabis para as comunidades periféricas que sofrem o maior impacto pela guerra às drogas, e incentivo às startups de Cannabis nesses mesmos lugares. As favelas das grandes metrópoles têm vocação para participar de um ecossistema diverso de micro e pequenas empresas, cada uma especializada num tipo de flor, terroir tropical sem terror nem caveirão. Imagine as lajes cobrindo a vista de verde, ao desembarcar no Rio de Janeiro e costear a Favela da Maré? Imagine a marginal do Tietê ladeada por vastos maconhais?

Para libertar o cãonabis — apelido da Cannabis que nossos ancestrais domesticaram — é preciso olhar para a planta como um presente magnífico de nossa ancestralidade, sem estigma ou preconceito. A ciência vem gradativamente derrubando os inúmeros mitos criados em torno da planta com o intuito de demonizá-la. Vimos como são falsas as noções populares de que "maconha mata neurônios" ou de que "maconha é comparável a veneno de jararaca". Outra dessas mentiras é que a maconha é a porta de entrada para o consumo de diversas drogas. Na mais recente e completa pesquisa sobre uso de drogas no Brasil, feita em 2017 pela Fiocruz,[10] 66% da população brasileira de doze a 65 anos declararam ter consumido bebida alcoólica alguma vez na vida, sendo que cerca de 30% consumiram pelo menos uma dose de bebida alcoólica nos trinta dias anteriores à pesquisa. O uso do cigarro industrializado pelo menos uma vez na vida foi declarado por 33,5% da população de doze a 65 anos. Para comparação, apenas 7,7% da população na mesma faixa etária afirmaram ter consumido maconha alguma vez na vida. Se a maconha fosse a porta de entrada para as outras drogas, seu uso deveria ser mais prevalente do que o do álcool e do tabaco, o que não é verdade.

Estudos feitos nos Estados Unidos comparando o potencial para dependência* deixam claro que a maconha é perseguida injustamente. Enquanto usuários de nicotina mostraram uma probabilidade de desenvolver dependência de 67,5% após usar a droga uma única vez, esse valor é 22,7% para usuários de álcool, 20,9% para usuários de cocaína e 8,9% para usuários de maconha.[11]

Definitivamente a maconha não é a porta de entrada para outras drogas, mas em certos casos pode ser a porta de saída. Num estudo clínico observacional com usuários problemáticos de crack, o psiquiatra Dartiu Xavier da Silveira e colaboradores da Unifesp verificaram que 68% dos participantes relataram o uso da maconha para reduzir os sintomas agudos de abs-

---

* É importante ressaltar e problematizar aqui o conceito de dependência. Apenas uma parte dos usuários considerados dependentes — aqueles que desenvolvem um hábito de consumo — apresenta sintomas de uso problemático. De forma mais ampla, o problema não está na pessoa ou na droga, mas na relação entre uma e outra.

tinência de crack.[12] O estudo apontou para a necessidade de realizar uma intervenção experimental rigorosa, isto é, um ensaio clínico aleatorizado e controlado por placebo, para explorar a possibilidade de usar a maconha como porta de saída para a dependência de crack. Infelizmente, colegas proibicionistas da mesma instituição ameaçaram chamar a polícia caso o estudo seguinte fosse iniciado. Na época, essa situação bizarra foi denunciada na imprensa,[13] mas 24 anos se passaram e o estudo até hoje não foi realizado.

Outro mito que precisa ser derrubado é o de que a maconha causa esquizofrenia. É verdade que o uso indevido de maconha entre pessoas com diagnóstico de psicose (42,1%) é maior do que na população em geral (22,5%).[14] Também é verdade que a maconha pode precipitar surtos psicóticos em pessoas com histórico familiar de psicose. Entretanto, inferir uma simples relação causal entre consumo de maconha e psicose é difícil, pois o seu uso pode na verdade refletir uma automedicação para mitigar os sintomas da psicose ou os efeitos adversos da própria medicação antipsicótica.[15] Se a maconha fosse de fato uma fábrica de esquizofrênicos, como ainda insistem alguns psiquiatras proibicionistas, a proporção de pessoas com psicose na população em geral — abaixo de 1% —[16] deveria ter crescido muito nas últimas décadas, acompanhando o crescimento global do consumo de maconha —[17] e isso não ocorreu.

A dificuldade de estabelecer causas e consequências na associação entre uso de Cannabis e psicose vem do fato de que a maconha pode ter efeitos opostos, dependendo de sua composição química. O CBD tem efeito antipsicótico bem estabelecido por três décadas de pesquisas na Universidade de São Paulo em Ribeirão Preto,[18] depois replicadas em outros países como Polônia, Romênia e Reino Unido.[19] Já o THC, em altas doses e na ausência de CBD, pode de fato induzir sintomas psicóticos em certas pessoas.[20] Por essa razão, é importante mapear a origem da vulnerabilidade ao THC. Pessoas com predisposição genética para a esquizofrenia, como aquelas com variantes do gene da enzima catecol-metil-transferase,[21] que metaboliza neurotransmissores, ou certas variantes do receptor CB1,[22] podem ser bastante suscetíveis ao THC e precisam ser protegidas por meio de informações confiáveis sobre esse risco e a presença de THC na maconha.

A esquizofrenia, entretanto, vai muito além da ocorrência de um episódio psicótico transitório, pois o transtorno em que os episódios se sucedem com severidade crescente depende sobretudo da genética familiar do paciente.[23] A maior parte dos adolescentes que fazem uso abusivo de maconha não desenvolve esquizofrenia, assim como a maior parte das pessoas com esquizofrenia jamais fez uso de maconha na adolescência. Poderiam indivíduos geneticamente propensos à esquizofrenia estar se automedicando com maconha? O maior estudo realizado até hoje sobre a associação genômica ampla para o uso de maconha ao longo da vida, com 184 765 participantes, indica que sim.[24] A pesquisa identificou uma influência causal positiva do risco de esquizofrenia no uso de Cannabis. Em outras palavras, em geral não são os usuários de Cannabis que desenvolvem esquizofrenia, mas as pessoas com risco aumentado para esquizofrenia que buscam a Cannabis. À medida que a ciência avança, ficam mais frágeis as tentativas de demonizar a maconha.

Maturana, marijuana e o sapo verde

Comecei este livro com o relato de demonização da maconha em minha própria família, quando meu irmão e eu éramos ainda adolescentes. É hora de retomar essa história. Durante o período agudo de conflito familiar, a minha relação com a maconha ensaiou mudar, mas bateu na trave, não mudou de fato. Numa fogueira à beira do lago Paranoá, um amigo tanto meu quanto do meu irmão apresentou um baseado. Júlio não estava. Curioso e sem a sensação de ser vigiado, dei minha primeira tragada. Não senti qualquer mudança perceptível de estado de consciência, apenas um relaxamento sutil, a boca seca e os olhos vermelhos.

Essa experiência frustrante se repetiria mais algumas vezes durante aquele último ano do ensino médio e o início do período na universidade, sem que eu percebesse nenhum efeito interessante. Fui perdendo a curiosidade e afinal me convenci de que a maconha era quase inócua para mim. Apesar disso, não tive coragem de contar nenhuma dessas experiências a minha mãe. Minha persona de filho mais velho continuava a sustentar o mantra familiar de que os problemas com meu irmão eram explicados pelo uso da maconha. Atravessei o curso de graduação em biologia na UNB imerso na pesquisa e no movimento estudantil, tão distante do meu irmão quanto da erva. Nessa época eu nem notava quando surgia um baseado nas festas ou shows — e quando me convidavam a compartilhar, declinava.

O estranhamento com a planta se modificou radicalmente em 1992. Imerso numa crise vocacional com a microbiologia, área em que eu pesquisara desde 1988, resolvi trancar o penúltimo semestre da graduação para fazer uma viagem solitária como mochileiro, de bolso quase vazio e sem rumo definido. Havia, sim, um ambicioso plano inicial, cruzar a Argentina até o Chile para embarcar num navio mercante que sairia de Valparaíso em direção à Índia. Mas quando finalmente consegui atravessar os pampas e ultrapassar a cordilheira dos Andes, depois de dois meses dormindo de favor ou mesmo ao relento, amargando horas sem fim na beira da estrada com vento frio incessante, me senti sem energias para cruzar o oceano Pacífico e explorar o Sudeste Asiático. Não havia celulares, não havia internet, eu já estava bem longe de casa e me pareceu mais prudente não exagerar. Decidi viajar pela América do Sul e tentar chegar ao México (o que afinal não aconteceu, mas essa é outra história).

A primeira etapa do novo trajeto seria percorrer todo o Chile, desde a Patagônia no extremo sul até o deserto do Atacama, no extremo norte. Firme nessa intenção, estendi o polegar na saída rodoviária sul de Santiago do Chile e depois de dois dias e algumas peripécias, embarcava no ferryboat que vai de Puerto Montt até a pequena cidade de Castro, na ilha de Chiloé.

Foi nessa chuvosa ilha chilena, repleta de pequenas flores amarelas, que tive meu primeiro encontro marcante com a maconha. Eu estava hospedado na casa de amigos de amigos, pessoas muito solidárias e progressistas que trabalhavam sem remuneração para dar suporte aos indígenas huilliche que habitavam a ilha, cada um atuando em sua especialidade — Ana María Olivera era advogada, Manuel Muñoz Millalonco, arqueólogo, e Martín, historiador. Eram todos um pouco mais velhos que eu e pautavam suas ações sob grande influência das ideias de Humberto Maturana e Francisco Varela, dois neurobiólogos chilenos que postularam a causalidade circular entre cérebro e mundo, isto é, que as mudanças cerebrais internas são tanto causa quanto consequência das mudanças ambientais externas, através de um fluxo cognitivo incessante.[1]

A possibilidade de compreender o cérebro como um sistema dinâmico em acoplamento bidirecional com a realidade externa me seduziu tanto quanto as atitudes íntegras e amorosas de meus anfitriões, que em seu acolhimento fraternal nem sequer perguntaram quanto tempo eu pretendia ficar. Manuel e Ana me ofereceram a oportunidade de realizar um pouco de trabalho voluntário na escavação de um enterro tradicional huilliche, ou williche, o "povo do sul" da etnia mapuche. Quando dei por mim estava de joelhos sobre a terra úmida, pincelando cuidadosamente os restos de barro que cobriam a lateral de uma canoa que servira de féretro para um ancião indígena. Enquanto trabalhava, matutava sobre a circularidade da relação cérebro-mundo proposta por Maturana e Varela...

Nesse dia, voltamos para casa com a lua cheia despontando no horizonte. Eu me sentia eufórico pela multidão de ideias novas que trazia na cabeça, pleno na aventura da vida, grato pela companhia estimulante daqueles novos amigos que tanto tinham a me ensinar. Na casinha sobre palafitas que Martín habitava, nos reunimos em torno do fogo e partilhamos vinho, pão e azeite. Conversamos, rimos e cantamos. Lá pelas tantas, Ana acendeu um baseado na roda. Dessa vez não recusei. O cigarro passou de mão em mão até chegar aos meus lábios. Traguei a fumaça, segurei um segundo e fechei os olhos.

Bhang! Adentrei pela primeira vez uma experiência totalmente nova, aquilo que usuários experientes descrevem como "viagem", ou quando dizem "bateu". Meus pensamentos se aceleraram vertiginosamente e senti que já não podia mais — e nem queria — controlar seu fluxo. Tive um pouco de medo, mas logo me entreguei ao turbilhão e fui afinal completamente tragado por ele.

Os momentos iniciais foram difíceis, em franca confusão mental, com a sensação de estar despencando no vácuo. Abri os olhos assustado e vi que tudo seguia no mesmo lugar. As pessoas continuavam a conversar, rir e dançar. Me acalmei. Mesmo sem conseguir entender bem o que diziam, tive a sensação de que estava tudo bem. Meu corpo agora estava muito relaxado, me senti protegido e fechei novamente os olhos.

Bhang outra vez! Agora eu já não despencava das alturas, mas sim descia um tobogã de ideias interessantes que passavam rapidamente pela minha mente sem que eu pudesse segurar nenhuma. Fui me acostumando à sensação de produzir e deixar escorrer pelos dedos um farto rosário de belas verdades, um devir caudaloso de descobertas em contínuo processo de dissipação. Segurei a vontade de abrir os olhos e relaxei ainda mais, percebi que o tempo desacelerava até quase parar. Contive novamente o medo, lembrei da respiração e tentei enxergar alguma coisa na escuridão da minha mente...

Mantive os olhos fechados por um lapso de tempo fora do tempo e afinal comecei a enxergar alguma coisa no escuro. Inicialmente bem tênue, pouco a pouco foi se delineando um vasto espaço interno. Como que num sonho desperto, comecei a visualizar meus pensamentos como atividade elétrica se propagando por malhas neuronais, como se fossem automóveis luminosos trafegando pela cidade à noite. Cada estado mental correspondia a mudanças na programação dos tempos de abertura e fechamento dos semáforos. Tive pela primeira vez uma visão minimamente convincente dos mecanismos biológicos subjacentes a minha própria mente, uma vivência emocionante, em primeira pessoa, das engrenagens elétricas, celulares e moleculares que produzem ideias, sonhos e desejos. Afinal adormeci, embalado pela nítida constatação de haver experimentado profundas revelações.

Ao despertar no dia seguinte, me senti irmanado a meus companheiros chilenos, num círculo de proteção e confiança. Por outro lado, duvidei cartesianamente de todas as revelações neuropsicológicas da noite anterior. Se aquela planta ilícita pudesse mesmo gerar ideias tão interessantes, muitas pessoas já saberiam disso e a planta seria largamente usada por cientistas, inventores, artistas e criadores em geral, o que não era o caso (pensava eu).

Cético quanto à possibilidade de que a maconha fosse uma usina de pensamentos úteis, formulei a hipótese de que a alteração de consciência por ela propiciada dava um verniz de verdade a qualquer ideia de quem a consumisse, independentemente de ser uma ideia boa ou ruim.

Resolvi então fazer meu primeiro autoexperimento com a maconha. Escrevi num pedaço de papel uma obviedade — "o sapo é verde" — e decidi que leria essa frase na próxima vez que tivesse contato com a planta. Dito e feito: na noite seguinte o encontro em torno do fogo voltou a acontecer, a erva foi novamente compartilhada e quando li a frase besta escrita no pedaço de papel, tive novamente a intensa sensação de verdade revelada. Bingo!

Quando acordei, formei a convicção de que a confiança na verdade de uma afirmação é um processo cerebral que pode ocorrer independentemente da avaliação rigorosa da afirmação, como se a fé em alguma coisa pudesse preceder a consideração sobre o próprio conteúdo da coisa. Além dessa constatação chocante, concluí desse experimento que a maconha não era uma usina geradora de ideias excelentes, mas, sim, e tão somente, uma usina geradora de ideias interessantes no mundo interior, ideias que no momento da sua concepção podem parecer maravilhosas, mas cuja utilização bem-sucedida no mundo exterior exige uma avaliação crítica a posteriori, após o fim de seus efeitos. Passei a falar de meu estado de consciência sob efeito da maconha como "o outro", marcando pela primeira vez a minha experiência consciente (até aquele momento bastante unilateral e ingenuamente arrogante) com uma alteridade, uma paralaxe, uma diferença de perspectivas internas que criou a possibilidade de um diálogo dentro da minha própria mente. Eu e eu.[2]

E desse diálogo interno, surgiu maior tolerância quanto ao diálogo externo. Nas palavras do escritor Norman Mailer,

> a condição de alguém [sob efeito da] maconha é sempre existencial. Pode-se sentir a importância de cada momento e como ele está mudando a pessoa. Sente-se o próprio ser, percebe-se o enorme aparato do nada — o zumbido de um aparelho de som, o vazio de uma interrupção sem sentido, percebe-se a guerra entre cada um de nós, como o nada em cada um de nós busca atacar o ser dos outros, como nosso ser, por sua vez, é atacado pelo nada nos outros.

O aumento da sociabilidade é um efeito notável da maconha, assim descrito por John Lennon:

> A maconha foi a principal coisa que promoveu a não violência entre os jovens porque assim que eles a experimentam, antes de mais nada, você tem que rir das suas primeiras experiências. Não há mais nada que você faça além de rir, e então, quando você supera isso e percebe que as pessoas não estão rindo de você, mas com você, é uma coisa da comunidade, e nada jamais impediria isso,

nada na Terra vai pará-la, e a única coisa a fazer é descobrir como usá-la para o bem.[3]

Embora aquela viagem tenha prosseguido sem que eu buscasse outras experiências semelhantes, o encontro com a erva na ilha de Chiloé foi um divisor de águas pessoal e profissional. Em primeiro lugar, por me motivar a enviar uma carta a meu irmão propondo um encontro de reconciliação em algum ponto no meio do caminho. O encontro aconteceu, regeneramos nossa harmonia e assim seguimos até hoje — eu e ele, ele e eu. Em segundo lugar, por me permitir vislumbrar com nitidez e entusiasmo o objeto de pesquisa ao qual me dedicaria a partir de então: o cérebro.

Depois de regressar daquela viagem pela América do Sul, por alguns anos as flores entravam e saíam do meu radar, mas eu nunca as buscava. Quando nos encontrávamos eu apreciava bastante o estado em que elas me deixavam, mas me sentia despreparado para fazer qualquer coisa sob seu efeito que não fosse apenas conversar relaxadamente numa festa. Terminei a graduação, concluí o mestrado e já estava bem avançado no doutorado quando as coisas começaram a mudar.

O ponto de partida dessa mudança foi uma desilusão amorosa que sacudiu minha trajetória até então feliz na pós-graduação. Depois de levar um pé na bunda colossal por telefone, entrei numa espiral de sofrimento por vários meses. Um belo dia, lamuriando-me por ligação internacional com uma querida amiga de longa data, a historiadora Cristiana Schettini Pereira, recebi um conselho precioso: "Menino, você precisa fumar mais maconha". Emaranhado em minha lastimável dor de cotovelo, fui convencido pela recomendação prática de minha sábia amiga. O aumento da frequência dos encontros fortuitos com a erva logo me ajudou a parar de ruminar as memórias do amor gorado.

Mesmo assim eu resistia a ter as flores em casa, por uma série de preconceitos, medos e tabus. Aprendi a buscá-las através de um lento processo de aproximação: eu as desejava cada vez mais, mas me recusava a tê-las comigo em casa. Nesse processo de familiarização, contei com a generosa orientação e o paciente acolhimento de dois amados amigos, um brilhante casal de ciência e arte que pratica grande mestria no saber viver com a ganja, administrando sem derrapagens a combinação de elevada produção profissional com divertida recreação canábica, plena de piqueniques e jantares, filmes e livros, exposições e concertos, passeios e viagens. Pouco a pouco, meus amigos foram me ensinando a ampliar as possibilidades de ação e reflexão sob efeito das flores, sem neuras, num relax, numa boa.

Quando chegou o momento de escrever minha tese de doutorado, tranquei-me em casa por um mês com doses altas de Mestre João Grande, Gilberto Gil, Gal, Paulinho da Viola, Janis Joplin, Clube da Esquina, Maria Bethânia, Van Morrison e Pink Floyd. A dieta nutritiva se completou com sopa de missô, biscoito de chocolate, muito café e muita ganja. Por dias e noites sem balizas temporais, eu acordava e dormia envolto numa névoa de pensamentos revoltos em busca de expressão. No final, bem lúcido, sem fumar nada, editei todo o documento até que quaisquer andaimes de entropia fossem removidos sem deixar vestígios. Deu bom.

Embora eu tenha começado o doutorado atrasado em seis meses e com grande dificuldade de adaptação ao inverno e aos desafios de Nova York, depois de cinco anos e sob cuidadosa supervisão dos meus orientadores consegui realizar várias descobertas científicas sobre a expressão de genes reguladores do aprendizado em pássaros canoros e ratos sonhadores. A trajetória bem-sucedida me valeu o aceite para fazer um pós-doutorado na Universidade Duke.

Valeu também o convite da Universidade Rockefeller para ser o orador da turma na formatura do ano 2000. De terno e gravata pela primeira vez na vida, fiz o discurso em frente a minha mãe radiante de orgulho. Ao regressar para casa, de braços dados com ela, compreendi que aquele era o melhor momento para sair do armário com relação às flores. Percebi a preciosa oportunidade de cura para a nossa família. Afinal de contas, ninguém poderia dizer que eu estava embananado na vida. Eu estava muito consciente de que o papel de bom moço que desempenhara com hipocrisia crescente até aquele momento havia contribuído bastante para estigmatizar o meu irmão no interior da família. Já era hora de desfazer o engano que culpava as flores pelos problemas de relacionamento entre as pessoas.

Não posso dizer que foi fácil. Por dias e dias, adiei a conversa e inibi minha vontade de florir, esperando a melhor oportunidade para me abrir. As coisas se precipitaram quando minha tia Vilma chegou de Recife para fazermos uma viagem de celebração até Quebec e Montreal. Quando saímos de Nova York, eu tinha um baseado no bolso e uma ideia na cabeça. Lá pelas tantas, como quem não quer nada, perguntei para mamãe o que ela faria se tivesse um hábito muito agradável para si, mas que desagradasse às outras pessoas. Ela disse que o manifestaria sem pestanejar, por uma questão de autonomia e liberdade. Ato contínuo, sem pestanejar, acendi o baseado.

Mamãe teve um choque. Ela realmente não esperava aquilo! Ficou passada, furiosa, colérica mesmo. Botou uma tromba do tamanho do mundo e me deu um tratamento glacial por três longos dias. Curiosamente, foi minha tia católica, praticantíssima, devota de Santo Expedito, quem começou a aplacar sua ira. Afinal, o quindim de mamãe não tinha virado outra pessoa só por causa daquilo, não é?

Eu era a mesma pessoa de antes, apenas um pouco mais honesto e real. Quando regressamos a Nova York, eu já podia florir na frente de minha mãe sem que ela sofresse muito. Com o tempo, o preconceito foi minguando, morreu e virou adubo de simpatia. Deflagrou-se um lento, mas inexorável, processo de reaproximação dela com meu irmão, que aos poucos foi se reintegrando à família como tinha que ser. Durante as décadas seguintes, Júlio concluiu graduação e mestrado em arquitetura e urbanismo na UNB, especializou-se em desenho de aeroportos durante um doutorado sanduíche na Universidade Estadual da Pensilvânia, nos Estados Unidos, e aprendeu a voar de parapente.

O reposicionamento sobre a maconha no âmbito familiar me deu novos horizontes. A partir do ano 2000, as flores passaram a fazer parte de minha rotina como o café e o açúcar. Com o tempo — benzadeus! — consegui largar o açúcar quase completamente. Já as flores... Comecei a me aventurar no universo da improvisação sob seu efeito, em jam sessions de verso, prosa e rima, no atabaque, berimbau e agogô, tanto com amigos músicos quanto no aprendizado livre e flexível dos movimentos da capoeira, que eu havia começado a praticar em 1999.

Muitas vezes, ao escrever este livro, estive agudamente consciente de estar tratando de uma coisa que, assim como a capoeira, foi proibida, perseguida e demonizada, associada aos africanos que vieram ao Brasil escravizados, acusada de promover a indolência e prejudicar a sociedade — e que hoje, apesar de tudo, é amada em todo o planeta.

A continuidade do hábito e a expansão da minha capacidade de realizar distintas atividades sob efeito das flores me fez compreender que elas têm o condão de transformar qualquer situação em algo ainda mais interessante, exceto quando o princípio de realidade se sobrepõe ao princípio de prazer. Estresse, medo, competição e a necessidade de um desempenho de alta precisão não costumam se misturar bem com as flores ricas em THC. Quando estamos responsáveis por alguém especialmente vulnerável, como um bebê ou alguém convalescente, é prudente evitá-las. Já as flores ricas em CBD podem ajudar ou não, mas não costumam atrapalhar a não ser pelo sono que podem trazer.

De todo modo, quando se trata de uma situação sem maiores riscos, as flores são uma promessa de aventura divertida. Muitas pessoas trabalham melhor sob efeito das flores, capacidade que se adquire com a prática e que pode estar relacionada ao hiperfoco, à criatividade, à redução da ansiedade e à capacidade de fluir harmonicamente com o ambiente. Outras pessoas, entretanto, seja por possuírem certa genética, ou apenas por ainda terem pouca experiência com a erva, não conseguem usá-la para produzir nada que preste em tempo hábil. Cada um é um, cada qual é qual.

As pesquisas científicas sobre os efeitos do uso de Cannabis confirmam que a ingestão da erva induz avaliações mais favoráveis da criatividade das próprias ideias e das ideias dos outros,[4] mas também indicam que altas dosagens de THC podem na verdade prejudicar a criatividade.[5] Uma pesquisa com 721 participantes mostrou maior percepção da criatividade e melhor desempenho numa tarefa de criatividade em usuários sóbrios de Cannabis do que em não usuários, possivelmente por terem níveis mais elevados de abertura à experiência.[6] Outro estudo com 160 participantes mostrou que a maconha foi capaz de aumentar a fluência verbal em pessoas pouco criativas, mas não em pessoas muito criativas. Resultados semelhantes foram obtidos num estudo subsequente com 148 participantes, que também verificou aumento da criatividade apenas em indivíduos com baixa criatividade,[7] o que também sugere um efeito teto. Uma pesquisa sobre o perfil psicológico de usuários de maconha, feita com 278 estudantes universitários, mostrou relação do uso de maconha com pontuações mais altas de criatividade, espírito aventureiro e busca por novidades nas sensações internas, bem como pontuações mais baixas de autoritarismo. Curiosamente, após dois anos de uso, o tédio expresso com o ambiente diminuiu significativamente.[8]

Situações tediosas clamam pela maconha. Pode escolher a chatice. Fila de banco, filme mais ou menos, tarefa repetitiva, parede branca com uma mosca se movendo: todas essas partes perfeitamente dispensáveis da vida cotidiana podem se tornar fonte de satisfação genuína quando é possível florescer. Para quem gosta — e não é todo mundo, claro —, qualquer situação, por mais banal que seja, transforma-se em oportunidade para reflexões e insights existenciais, antropológicos, cômicos, estéticos, sensuais, espirituais ou qualquer coisa que você sinta ou queira. Nas palavras do escritor Kurt Vonnegut, a maconha torna "o estresse e o tédio infinitamente mais suportáveis".[9]

Em muitas situações diferentes, a maconha é um bálsamo da existência, pois melhora bastante o sabor das experiências sofríveis através de alterações sensoriais, mudanças na percepção temporal e intenso relaxamento físico e mental. Por outro lado, a maconha dificilmente compromete as experiências agradáveis. Ao contrário: mesmo as melhores experiências podem ser melhoradas com as flores certas, na quantidade certa, no momento certo. Mas é sempre necessário ressaltar que nem toda experiência se presta ao convívio com as flores, como vimos antes e ainda veremos adiante.

É importante lembrar que não existe a maconha e sim as maconhas, tantas são as suas possibilidades genéticas e as técnicas para extração dos princípios ativos. Além disso, as variações genéticas de quem usa a flor e o contexto social do uso determinam boa parte do que pode acontecer em cada caso. Por isso mesmo, na redescoberta da terapêutica canábica que atualmente vivemos, o conhecimento acumulado dos usuários frequentemente está à frente daquilo que a ciência já conseguiu descrever usando ensaios clínicos rigorosos. Isso acontece porque a pesquisa biomédica sofre de uma grande inércia causada por seu conflito de interesse com a indústria farmacêutica, que não vê vantagem em gastar milhões de dólares para pesquisar uma planta que não pode monopolizar. Na epilepsia, no autismo, na depressão, nas doenças de Parkinson e de Alzheimer e em tantas outras, é a experimentação qualitativa, feita na vida real por crianças, adolescentes e adultos, a fonte de luz que aponta o caminho para a pesquisa científica quantitativa, tanto no que diz respeito aos mecanismos biológicos fundamentais quanto no âmbito clínico.

A luta pela legalização da terapêutica canábica, por envolver tantos protagonistas legítimos, ampliou seu escopo para muito além da medicina, chegando com força à enfermagem, fonoaudiologia, psicologia, fisioterapia e educação física. Como não podia deixar de ser, é preciso considerar também os profissionais veterinários, que tipicamente têm mais liberdade do que os profissionais da saúde humana para aprender na prática sobre o que funciona ou não.

Desde 2018 o médico veterinário Tarcísio Barreto Filho trata cães e gatos com óleo de maconha.[10] Seu primeiro paciente foi Prog, um poodle de seis anos com epilepsia refratária a outros medicamentos. Tarcísio diz que "após anos de uso do brometo de potássio e do fenobarbital, o animal estava inchado e apresentava constantes mudanças de comportamento, ora muito triste, ora muito agitado. Antes da Cannabis, apresentava crises duas vezes por semana; depois da Cannabis, as crises passaram a ocorrer a cada trinta ou quarenta dias". Entre 2018 e 2023, Tarcísio tratou cerca de setecentos animais domésticos com óleo de Cannabis. Ele relata que de modo geral "os animais ficam mais calmos, mais centrados nas brincadeiras, com o intestino bem regulado, boa postura corporal e mais equilíbrio comportamental". A veterinária canábica tem cada vez mais respaldo científico, pois diversos estudos vêm confirmando a utilidade da maconha para tratar ansiedade, inflamação e dor em animais não humanos.[11] É natural que seja assim, pois o sistema endocabinoide está presente tanto nos animais vertebrados quanto nos invertebrados.

Felizmente, essa lista de protagonistas da revolução terapêutica centrada na Cannabis só se completa se considerarmos também os pacientes e familiares envolvidos na terapêutica canábica, que frequentemente estabelecem com suas equipes de saúde uma relação muito mais horizontal e promotora de autonomia do que a medicina convencional costuma permitir. A terapêutica canábica é um mutirão de saúde que se beneficia da participação coletiva.

Amar demais as flores

Tudo em demasia é complicado — e com as flores da maconha não é diferente. Toda e qualquer substância tem seus grupos de risco, pessoas em que, por sua genética ou história de vida, mesmo baixas dosagens podem causar problemas. Um exemplo elucidativo vem do consumo de laticínios. Pessoas com baixa produção da enzima lactase são incapazes de digerir a lactose, e por isso são intolerantes ao leite de animais e seus derivados. Estima-se que essa condição alcance entre 57% e 65% da população mundial,[1] com prevalência entre não brancos. Outro exemplo útil são pessoas com certas variações dos genes que codificam as enzimas aldeído desidrogenase e álcool desidrogenase,[2] que têm dificuldade de metabolizar o etanol e por isso são hipersensíveis às bebidas alcoólicas. Tais variantes genéticas chegam a ser prevalentes em populações da Ásia oriental, como chineses e coreanos, mas são raras em outras populações.[3]

Embora todos concordem que é preciso proteger pessoas vulneráveis à lactose, ninguém cogita proibir o leite para protegê-las. A mesma coisa vale para o etanol, com exceção das culturas muçulmanas, que o proíbem terminantemente. Em quase todo o mundo, a proteção das pessoas intolerantes a leite ou álcool advém da informação confiável nas embalagens dos produtos e da existência de produtos alternativos no mercado, como o leite de vaca sem lactose, o leite vegetal, e a cerveja ou vinho sem álcool.

A pesquisa biomédica indica que os grupos de risco da maconha são 1) gestantes e lactantes; 2) crianças e adolescentes; 3) pessoas com propensão genética à psicose; e 4) pessoas com depressão. O grupo 1 tem recebido aporte crescente de pesquisas que indicam riscos ao desenvolvimento saudável do feto e do bebê.[4] O grupo 2 tem amplo suporte na literatura científica, pois o consumo precoce e abusivo de maconha está associado ao risco aumentado para a síndrome amotivacional, caracterizada por apatia, passividade, aversão a comportamentos orientados para objetivos e prejuízos acadêmicos.[5] Embora casos isolados possam se mostrar benignos, em nível populacional o consumo de maconha é contraindicado para jovens saudáveis, que não precisem da maconha como remédio para algum transtorno específico. Um estudo de imageamento cerebral com 799 participantes sugeriu recentemente que o consumo de Cannabis entre 14 e 19 anos pode estar associado a uma redução excessiva da espessura do córtex pré-frontal.[6] Um conselho para filhos e pais: o consumo da maconha deve ser retardado ao máximo, pois a adolescência que legalmente se encerra aos dezoito anos se estende no cérebro até aproximadamente 25 anos, quando terminam de se desenvolver os circuitos do córtex pré-frontal necessários para tomar decisões sem impulsividade. O grupo 3 diz respeito especificamente ao THC e não ao CBD, como já explicado no nono capítulo, "Maturana, marijuana e o sapo verde". O grupo 4 é o mais controverso, pois em doses baixas a maconha tende a ser antidepressiva, enquanto em doses altas pode cursar com a síndrome amotivacional e ser pró-depressiva.[7]

Para além dos grupos de risco bem delimitados da Cannabis, exageros em seu consumo podem causar prejuízos a qualquer um. Conheci pessoas que deixavam todo o espaço do lar, do lazer e do trabalho ser ocupado pelos caprichos de seu cão. Assim como as rotinas do cotidiano podem se tornar desgastantes quando um cão se torna espaçoso demais na vida de seu dono, permitir que a maconha expanda seu nicho até ocupar todo o tempo desperto pode resultar em diversos problemas, como imprecisão, ineficiência, preguiça e insônia, além dos problemas de boca e pulmão derivados do uso fumado e de possíveis complicações cardiovasculares.[8] Em algumas pessoas, o consumo excessivo de Cannabis pode levar a distúrbios complexos, como por exemplo a síndrome de hiperêmese, uma condição rara com vômitos e náuseas recorrentes.[9]

É importante saber que existem muitas formas mais saudáveis de consumo dos canabinoides do que a combustão do baseado de maconha, tais como a vaporização para administração inalatória, os óleos de absorção sublingual e muitas outras formulações, que vão dos cremes e biscoitos até as balinhas e supositórios. Mesmo assim, vale notar que o consumo de maconha fumada não está acompanhado dos elevados riscos de câncer que caracterizam o consumo fumado de tabaco,[10] possivelmente por um efeito compensatório produzido pelas propriedades antitumorais da Cannabis.

Em algum sentido, maconha é como chocolate, batata frita e pipoca: para quem tem a genética e a trajetória de vida para gostar, quanto mais ingere mais tem vontade de ingerir. Quais são as consequências de uma dosagem excessiva de maconha? Para a maior parte das pessoas, apenas muito sono. Para morrer por causa da maconha, só se caísse sobre a cabeça da pessoa um tijolo de maconha prensada. Mas outros prejuízos podem acontecer.

Estima-se que a maconha leve cerca de 9% de seus usuários adultos à dependência — para comparação, o tabaco causa dependência em 30% dos usuários. Um grande perigo de exagerar no consumo das flores é deixar o tempo passar sem fazer nada que preste, como maratonar mídias sociais por horas a fio. Com a repetição frequente da ingestão vem a tolerância, a perda da sensação prazerosa, o aumento da dose e da letargia. Paranoia e apetite descontrolado também podem atrapalhar o caminho de quem ama demais as flores, sobretudo se a proporção THC/CBD for muito alta. Além disso, para a maior parte das pessoas, o consumo de maconha pouco antes de dormir tem um nítido impacto negativo sobre os sonhos. Não chega a eliminá-los, mas prejudica muito a capacidade de se lembrar deles, tornando-os memórias fugazes. Ainda não sabemos exatamente por que isso acontece, nem quais são os canabinoides responsáveis por esse efeito. Estudos antigos indicam que o THC reduz o sono REM, durante o qual temos os sonhos mais vívidos e complexos, mas nada sabemos sobre as outras centenas de moléculas da planta. Para proteger a experiência onírica é preciso evitar o consumo de maconha à noite.

Outro aspecto importante a se considerar é o efeito da maconha ao dirigir veículos. Embora o consumo das flores tenda a aumentar o tempo de reação a estímulos sensoriais, tende também a reduzir a agressividade e a velocidade no trânsito.[11] Esse efeito compensatório talvez explique por que a maconha, ao contrário do álcool, não apresenta uma relação dose-dependente com acidentes de trânsito, a não ser em doses muito altas.[12]

Sagan descreveu assim sua experiência:

> Em algumas ocasiões, fui forçado a dirigir em trânsito intenso quando estava chapado. Eu guiei sem nenhuma dificuldade, embora tivesse alguns pensamentos sobre a maravilhosa cor vermelho-

-cereja dos semáforos. [...] Não defendo dirigir sob efeito de maconha, mas posso dizer por experiência própria que isso certamente pode ser feito.[13]

Novamente, é preciso considerar a imensa diversidade de genéticas das plantas e das pessoas para compreender por que alguns motoristas experimentam hiperfoco, prazer e segurança guiando sob efeito da Cannabis, enquanto outros se sentem desconfortáveis ou mesmo incapazes de fazê-lo. As pesquisas científicas indicam que a Cannabis é muito mais segura para a direção que o álcool,[14] mas também mostram que uma dose alta de THC pode prejudicar a direção até cem minutos após o consumo, enquanto uma de CBD preserva intacta a capacidade de guiar.[15] Além disso, a direção sob a influência da maconha parece piorar em condições de atenção dividida ou complexidade aumentada.[16]

Do ponto de vista da regulação da condução de veículos sob efeito de Cannabis, talvez seja mais importante considerar a proporção THC/CBD do que meramente estimar a concentração de THC, mas essa questão segue controversa e demanda mais pesquisas.[17] Por outro lado, não resta dúvida de que o consumo combinado de maconha e álcool tem efeitos adversos magnificados, provocando grande prejuízo à direção de veículos.[18]

Proibir as flores

Para além de todos os riscos reais ou percebidos do consumo de maconha, é preciso discutir o maior de todos os perigos causados pelo amor às flores: o fato de serem proibidas, o que cria riscos não apenas para os usuários, mas para todas as pessoas ao seu redor. Infelizmente, muitos familiares de pacientes que necessitam do óleo de maconha ainda plantam e colhem suas flores na ilegalidade. Para piorar, enquanto a maconha terapêutica vem sendo alforriada para a classe média majoritariamente branca, muitas mães e avós, quase sempre negras e pobres, continuam perdendo seus filhos e netos para a guerra às drogas, principal causa do encarceramento e morte da juventude negra do Brasil.[1] Esse massacre cotidiano, autorizado pela maioria silenciosa, já ceifou as vidas de inúmeras crianças como Ágatha Félix, alvejada nas costas aos oito anos por uma bala disparada por um policial militar.[2] Ágatha estava no interior de uma Kombi, ao lado de sua mãe, a caminho da escola no Complexo do Alemão, no Rio de Janeiro.

Nas palavras de Renato Filev, neurocientista e ativista antiproibicionista:

É impossível dissociar o uso terapêutico das implicações políticas e regulatórias envolvendo a maconha e seu uso social. Pacientes cultivadores são processados e encarcerados por cultivar seu tratamento. Empresas divulgam, vendem e lucram com o mesmo produto que justifica o assassinato de pessoas vinculadas ou não a seu comércio desautorizado. A política ostensiva de segurança pública respaldada pela criminalização e combate da maconha e seus derivados deve ser imediatamente interrompida, e políticas reparatórias precisam ser implementadas para reduzir as vulnerabilidades e necessidades das pessoas e comunidades afetadas.

A guerra às drogas é muito mais tóxica do que qualquer substância e compromete as três dimensões do uso: substância (*substance*), corpo (*set*) e contexto de uso (*setting*). No âmbito da substância, a proibição não permite que as pessoas conheçam as doses, o prazo de validade ou se há contaminantes. No âmbito do corpo que recebe a substância, a proibição interdita o debate sobre grupos de risco e uso problemático. No âmbito do contexto social de uso, a proibição gera toxicidade e paranoia, através da violência e da marginalização.

Às vezes me perguntam se sou a favor da liberação das drogas. Na verdade, a liberação geral já acontece hoje em dia, pois qualquer pessoa, de qualquer idade, pode obter qualquer droga — mas não tem nenhuma garantia de que de fato compra o que acha que compra. Enquanto certas drogas como a maconha são proibidas e demonizadas, outras como o álcool são glorificadas em televisão aberta, sem critérios científicos nem proteção à sociedade, enquanto balas perdidas voam sobre nossas cabeças.

Mano Brown aponta diretamente para as contradições racistas e classistas da guerra aos usuários de maconha:

O rico fuma, o pobre fuma, o preto fuma, o branco fuma, todo mundo fuma [...] como distinguir ali entre os jovens, ali, com toda essa problemática, muitos traumas, às vezes traumas sociais, do coletivo, que vão pra vida do indivíduo, o cara carrega aquelas obrigações, e metas não alcançadas, e muita coisa é atribuída ao consumo, e justamente, às vezes o único companheiro do cara é um baseado, onde ele pode parar para pensar um pouco, às vezes falta aquele amigo, falta o pai, falta o mais velho, e ele tem, sei lá, naquela tragada ali, pô, ele tem um lapso daquela consciência de que não tá tão fácil...[3]

A atual Lei de Drogas (Lei nº 11.343/06) tem relação direta com o superencarceramento, ao aumentar a pena para traficantes e reduzir para usuários sem definir critérios objetivos para separar uns dos outros.[4] A decisão fica a cargo do juiz e, portanto, também da autoridade policial que decide, no calor do momento, que situações da vida real devem virar um flagrante lavrado, um suborno nas sombras ou uma viagem só de ida para a vala. Uma pessoa negra detida numa favela com alguns gramas de maconha tem enorme chance de ser presa como traficante, enquanto uma pessoa branca encontrada num bairro rico com grandes quantidades da mesma droga provavelmente será enquadrada como usuária.

Em outras palavras, a subjetividade da distinção entre usuários e traficantes legitima os vieses de classe, raça e gênero das autoridades do Estado. A consequência é o aumento vertiginoso da população carcerária que, em sua maioria, responde por tráfico de drogas. Em quinze anos, passamos de 240 mil para mais de 800 mil encarcerados. Hoje, mais de 60% das mulheres presas respondem por tráfico, e frequentemente elas são capturadas ao levar drogas para seus companheiros nas prisões. Muitas vezes, nem regressam a seus filhos. São enquadradas com penas longas que desestruturam ainda mais suas famílias.[5]

Para completar o quadro dantesco descrito acima, qualquer agente penitenciário confirma o que acontece quando falta maconha nos presídios: "a cadeia vira", ou seja, explode a rebelião. A ironia terrível é que, sem a maconha para acalmar os presos, o Estado rapidamente perde o controle do sistema penitenciário que pune a posse de maconha entre os mais vulneráveis. Impossível não se lembrar dos versos de Chico Buarque: "Joga pedra na Geni!/ Ela é feita pra apanhar!/ Ela é boa de cuspir!/ [...] Maldita Geni".

Esse assunto espinhoso, tratado pelos proibicionistas como tabu, é um lastimável segredo de polichinelo, daqueles que ninguém admite saber, mas todos sabem. Já que ninguém quer falar sobre isso, perguntei a uma inteligência artificial, teoricamente um robô apartado do debate público e de possíveis vieses explícitos pró-maconha, o que acontece num presídio quando falta maconha para os presos. A inteligência artificial respondeu o seguinte:

1) Aumento da tensão e violência: A falta de maconha ou outras drogas pode causar frustração e irritabilidade entre os presos que são usuários. Isso pode levar a um aumento da tensão e potencialmente a conflitos entre os detentos.

2) Busca por substitutos: Em algumas situações, os presos podem procurar substâncias alternativas para substituir a maconha, como tabaco, álcool artesanal ou mesmo drogas mais pesadas. Isso pode levar a problemas de saúde e comportamentos de risco dentro do presídio.

3) Aumento do tráfico interno: A escassez de maconha pode levar a um aumento do tráfico interno de drogas, com os próprios presos tentando suprir a demanda e obter lucro com a venda de drogas ilícitas dentro do presídio. Isso pode levar a um aumento da violência e da instabilidade dentro do ambiente carcerário.

4) Impacto na economia e hierarquia dentro do presídio: A maconha e outras drogas ilícitas muitas vezes têm um valor econômico dentro do sistema carcerário. A falta de maconha pode afetar a economia informal e as dinâmicas de poder e hierarquia entre os presos.

O advogado antiproibicionista Cristiano Maronna resume bem a crise:

> Mudar a política de drogas para outro sentido é urgente, porque essa abordagem punitiva e repressiva falhou. Além das drogas ilegais circularem de forma praticamente livre, apesar de proibidas — o que é o paradoxo do proibicionismo — nós temos efeitos mais danosos do que o abuso no uso de drogas. A guerra às drogas produz corrupção, violência, superencarceramento, fortalecimento das organizações criminosas.[6]

Ricardo Nemer, também advogado antiproibicionista, não contém seu desabafo:

> É muito difícil manter o romantismo, sabendo que aqueles que jamais plantaram uma flor, ou resistiram na manutenção dessa tradição, irão dominar o mercado legalizado [...]. O empresariado continuará lucrando com tudo, proibição ou legalização. Nunca tiveram suas casas metralhadas, explodidas ou invadidas pela polícia. [...] Ativistas da Marcha das Favelas, por exemplo, foram torturados por policiais do Bope e proibidos informalmente, por meio de torturas e ameaças realizadas pela polícia. Hoje os militantes estão impedidos de realizar sua marcha dentro das favelas. Sabemos que no asfalto o tratamento é diferente, jovens brancos pertencentes à classe média fumam maconha sem terem seus direitos violados ou sofrerem qualquer consequência. As únicas flo-

res que a juventude das favelas terá serão "coroas de flores" e continuarão sendo lembrados somente nos grafites nos muros, retratos em camisetas [com os dizeres]: "Saudade Eternas" ou um retrato sorrindo na estante de uma mãe.

[...] A entressafra é o período entre um ciclo e outro e esse intervalo é caracterizado pela escassez de cultivos disponíveis para um consumo imediato. É o entremeio da colheita de uma safra, onde o agricultor prepara a terra para o plantio da próxima colheita. [...] A sociedade e a fábula da igualdade e fraternidade vêm promovendo uma vitrine de consumos e zero oportunidades para esses jovens que veem no comércio de drogas uma possibilidade de sobrevivência e saída da invisibilidade, da subalternidade e da precarização do trabalho. Se um rico é esperto, um pobre é malandro [...]. O termo "cria de favela" se refere a alguém que vem de um ambiente social e historicamente estigmatizado, com um baixo índice de desenvolvimento humano, por falta de políticas públicas e oportunidades de ascensão social.

[...] A sombria entressafra da proibição, promovida pela guerra às drogas, foi somente mais um ciclo de "entressafra" de direitos no Brasil. Poderia fazer a lista de crianças mortas por armas de fogo na região metropolitana do Rio de Janeiro que morreram esse ano e que não para de aumentar. Das tiazinhas e tiozinhos que são baleados indo para a igreja. As milhares de pessoas que têm medo até dentro de casa pela guerra às drogas, os familiares das vítimas da violência da guerra às drogas. Mas vou falar também dos trabalhadores das favelas: os informais, os formais e os ilícitos [...]. O traficante é um trabalhador precarizado. O trabalho é habitual e o trabalhador tem patrão, recebe ordens, salários e se errar, não é mandado embora, paga com a própria vida. A facção é uma das estruturas de um complexo sistema político de militares, policiais e autoridades públicas de manutenção de produção de violência e capital político. Pensa aí, quem lucra com a proibição? Se hoje conhecemos e temos acesso à maconha no Brasil, foi pela resistência de jovens moradores desses territórios. Foi a favela, sem ela não haveria sequer a maconha. Ela armazenou, distribuiu, resistiu. Literalmente manteve a tradição e resistência da "entressafra da proibição", pagando com vidas, literalmente. Como pensar em boutique de maconha se ainda existe uma guerra? Precisamos fazer o governo, os empresários, as empresas, e os políticos se empenharem neste diálogo. A sociedade precisa falar sobre o fim da guerra, a construção de um pacto de paz e uma justiça de transição. Só tem medo desse pacto para o fim da violência, fim da morte de pessoas pobres, aqueles que lucram com a proibição: as redes de policiais e militares que operam o sistema de propina e proteção dos pontos de venda varejista de drogas. Como muito bem descreveu o delegado de polícia Orlando Zaconne, os traficantes de drogas são os "acionistas do nada",[7] pois eles só administram a boca para um pequeno grupo de poderosos, são só "testas de ferro", pessoas "descartáveis" e "matáveis". Quanto mais houver guerras, disputas e facções, mais munição e armas serão vendidas e mais inocentes serão mortos. Precisamos ser criativos e fazer [de modo] diferente do que fizemos no passado. Por que será que um aluno filho de pobre na escola pública merece investimento estatal menor que um pobre encarcerado?

Penso em Ágatha Félix e em sua mãe, penso nos meus próprios filhos e choro. Nessas horas de desespero, diante do horror, procuro refúgio na minha profissão de fé. Me consola a lucidez que o conhecimento prové. Em sua assembleia anual de 2018, a Sociedade Brasileira para o Progresso da Ciência (SBPC) aprovou por unanimidade que todas as drogas devem ser legalizadas e regulamentadas segundo seus benefícios e danos específicos, para assim protegermos os grupos de risco e respeitarmos os usuários.[8] Não existe substância de Deus nem do Diabo.

Precisamos de uma legalização justa, isonômica e equânime, sem preconceitos, com base na ciência e no amor ao próximo.

Se quisermos fazer uma avaliação rigorosa dos efeitos psicoafetivos da maconha, precisamos quantificar em que medida o ambiente de guerra às drogas é em si mesmo muito tóxico, produzindo violência, medo, paranoia e angústia. Como lembra João Menezes, neurocientista ativista da legalização da maconha, nesse debate "é preciso tirar o medo do coração".

Uma pesquisa populacional recente, rigorosa e bem controlada, aponta que a legalização completa da maconha, tanto para uso medicinal quanto para uso recreativo, é um importante caminho para a cura social. O estudo avaliou 4043 gêmeos vivendo nos Estados Unidos em regiões com diferentes políticas de regulação da maconha.[9] Os participantes foram avaliados na adolescência e na idade adulta, o que permitiu testar o efeito da legalização ao longo do tempo e avaliar interações com fatores de possível vulnerabilidade, como idade, sexo e transtornos mentais.

O estudo mostrou que os indivíduos que vivem em estados onde o uso recreativo é legalizado consumiram Cannabis com mais frequência e tiveram menos problemas com o consumo de álcool do que seus irmãos gêmeos que vivem em estados proibicionistas. A legalização da maconha não foi associada a nenhum resultado adverso em nível populacional, incluindo seu uso problemático e a predisposição para quaisquer transtornos mentais. Esse estudo contundente é uma bigorna despencada sobre o argumento de que a maconha é uma fábrica de desajuste familiar e social. Não se trata de negar que, para pessoas com certas vulnerabilidades, a maconha possa ser perigosa, mas de afirmar que quando se tira o medo do coração, as flores sorriem e fazem bem a quase todos.

Envelhecer com as flores

Com exceção de crianças e adolescentes com alguma patologia, maconha é coisa de velho. Como todo mundo, dando sorte, envelhece, é prudente escutar as palavras do presidente da associação de pacientes Reconstruir, Felipe Farias: "Não espere precisar para ser a favor".

Há três anos trato minhas ansiedades e dores articulares com óleo de Cannabis sob prescrição médica. Estimulado por minha companheira, a neurocientista Luiza Mugnol-Ugarte, e defendido pela advogada Marina Bortolon Moreira, solicitei e obtive em 2021 um habeas corpus preventivo da Justiça Federal do Rio Grande do Norte para poder plantar maconha, portar flores e produzir meu próprio óleo terapêutico. A sentença foi derrubada em segunda instância, mas nos articulamos com a Rede Reforma para recorrer ao STJ. Finalmente, em julho de 2023, obtivemos uma decisão favorável na terceira instância. Liberdade, ainda que tardia.

Envelhecer livre de dores intoleráveis no corpo e na mente é uma benção que todas as pessoas merecem. A dor crônica é uma das principais indicações para as quais as pessoas usam Cannabis terapêutica.[1] As pesquisas biomédicas com produtos à base de THC ou CBD mostram que tanto um quanto o outro produzem alívio em quadros de dor crônica,[2] reduzindo a intensidade e a interferência da sensação dolorosa, e melhorando a qualidade de vida, saúde geral, humor e sono dos pacientes.[3] Não se trata de um efeito analgésico convencional, que bloqueia a sensação da dor num nervo periférico ou a nível do sistema nervoso central, mas sim de um poderoso efeito distrator, que tira o foco da dor e a integra numa paisagem de percepções e pensamentos muito mais ampla e tolerável. A investigação do caso incrível de uma mulher insensível à dor, com baixíssima ansiedade e rápida cicatrização de feridas, revelou uma mutação genética que diminui os níveis da enzima responsável pela degradação da anandamida.[4] A pesquisa aponta para o envolvimento direto do sistema endocanabinoide no alívio da dor.

A ampla utilidade da maconha para aliviar as consequências indesejadas da senescência constituem um profundo saber popular, que insiste em brotar da vida humana por entre o concreto rachado da proibição. Considere o que ocorreu em Cruzeta, pequena cidade de 8 mil habitantes a 230 quilômetros de Natal (RN). Na década de 1980, um morador idoso começou a cultivar maconha para fins terapêuticos, como se fosse boldo, carqueja ou outra das tantas ervas medicinais usadas pelo povo na forma de garrafadas, tinturas ou infusões. Com o tempo os vizinhos foram pedindo mudas da planta que chamavam de liamba, reputada como milagrosa para tratar dores, epilepsia, problemas respiratórios, câncer, enxaqueca e outras mazelas. Em 1996, uma denúncia anônima acionou a polícia, que descobriu plantas enormes em várias residências de Cruzeta, bem como no cemitério, nas praças arborizadas da cidade, e em frente a uma igreja. O caso ganhou repercussão nacional e os moradores da cidade ficaram bastante assustados com a possibilidade de serem presos por plantarem maconha. Entretanto, por consumirem suas flores e folhas apenas na forma de chá, acabaram não sendo indiciados. Mesmo assim, todas as plantas foram arrancadas pela polícia, as colheitas foram incineradas e os idosos não apenas ficaram privados de seus remédios, como tiveram que frequentar cursos de alerta sobre os perigos da maconha.[5]

Agora que o uso terapêutico da Cannabis começa a ser aceito em boa parte do planeta, é preciso, também, lembrar que não existe uma única maconha e sim muitas maconhas diferentes. É preciso, ainda, lembrar que para uma terapêutica eficaz não existe uma única maconha e sim muitas maconhas diferentes. Para além de toda a complexidade genética da planta, seus efeitos dependem sempre, crucialmente, da genética da pessoa que usa a flor, bem como de sua história de vida e do contexto social de uso. Havendo informações de qualidade sobre as faixas de concentração de muitas moléculas diferentes, entre canabinoides, terpenos e flavonoides, a maconha se presta muito bem a uma medicina personalizada, adequada tanto ao indivíduo, em seu momento de vida específico, quanto à patologia, em seu estágio de desenvolvimento particular. Para cada paciente, a cada momento, há uma fórmula magistral em forma de flor a ser buscada, encontrada e cultivada.[6]

Em Israel, no Instituto Technion, David Meiri e sua equipe de pesquisadores usam robôs para medir e combinar quantidades precisas de substâncias a fim de investigar de forma bem controlada a eficácia terapêutica de múltiplas combinações de canabinoides em culturas celulares derivadas de tecidos extraídos do próprio paciente. Essa estratégia "de baixo para cima" busca uma fórmula personalizada de tratamento para cada tipo de câncer, em cada estágio da doença,[7] em cada indivíduo. Na Holanda, cientistas corporativos fazem o caminho reverso, "de cima para baixo", buscando em toda a sua complexidade química a flor mais especificamente adequada a cada paciente.[8]

Ao longo das décadas de convívio com seus filhos e filhas floristas, minha mãe Vera e meu padrasto Edson foram pouco a pouco fazendo as pazes com a maconha. Com o tempo, nos grandes almoços de domingo, as drogas favoritas da família — álcool, açúcar e gordura animal — passaram a ter a companhia quase sem grilos das flores degustadas na varanda. Mas a tolerância dos hábitos canábicos das novas gerações não virou curiosidade ou desejo de experimentar por parte dos mais velhos. Cada macaco no seu galho.

Entretanto, no final da vida, acometida por crises de depressão e fibromialgia, minha mãe encontrou nas flores um alento insuspeitado. A virada veio numa véspera de Natal em que a casa borbulhava de familiares e amigos, mas ela se recusava a sair do quarto. A ceia estava pronta para ser servida e nada dela aparecer. Fui buscá-la e a encontrei prostrada na cama, com dores terríveis e péssimo humor. Depois de alguma insistência minha, aceitou dar um tapa num baseado. Tragou, tossiu um pouco, devaneou por alguns minutos e afinal foi tomar banho. Quando reapareceu, tinha aquela expressão de alegria juvenil que todos amávamos nela. Desceu as escadas rumo à sala cheia e a festa começou. Partilhamos, cantamos, dançamos e tivemos mais uma noite feliz.

Morrer e renascer com as flores

E um dia chega a hora de morrer. Fiel como um cão, a maconha é uma excelente planta companheira até os últimos momentos antes do adeus final, prestando-se muito bem aos cuidados paliativos das dores de quem definha,[1] bem como à ansiedade diante da morte iminente.[2] Nas palavras do médico BJ Miller, a maconha

> pode ajudar alguns de nossos pacientes não só a lidar com o sofrimento, mas também a ressignificar suas perspectivas [...]. Devemos estar empenhados, como especialistas em cuidados paliativos, em procurar maneiras pelas quais podemos ajudar a tornar a vida de nossos pacientes mais maravilhosa, não apenas menos terrível. [...] Para esses bons fins, a maconha pode ser uma ferramenta útil. Utilizando-a, em vez de evitar suas propriedades psicoativas, podemos alterar nossos pontos de vista. A propensão humana para a tomada de perspectiva é uma de nossas ferramentas mais afiadas e certamente subutilizada no ambiente clínico. Trabalhe com seus pacientes sobre como eles veem as coisas — não apenas sobre o que eles veem. Muitas vezes, um diagnóstico é, entre outras coisas, um convite para revisitar como vemos nós mesmos e o mundo do qual ain-

da fazemos parte, ou para pensar novamente sobre como estamos vivendo, ou para encontrar um tom lúdico com a realidade. Não apenas pensando em nosso caminho a seguir, como um intelecto, mas também sentindo nosso caminho a seguir.³

Em sua última entrevista, concedida a poucos dias de ser levado por um câncer fulminante, o jornalista e escritor Otavio Frias Filho, atestou o valor inestimável da maconha em pacientes terminais: "Ao reduzir a ansiedade, promover a imaginação e aumentar a sensação de fluir sem dificuldade pelo tempo, a maconha ajuda muitas pessoas a lidarem com a angústia fundamental da inevitabilidade da morte, baliza universal da consciência humana, fonte primitiva de todas as dores e medos".

Vale a pena ler o testemunho de Melissa Etheridge, cantora e compositora premiada duas vezes com o Grammy, sobre o papel da maconha em seu tratamento contra um câncer de mama:

> Em vez de tomar cinco ou seis prescrições, decidi seguir um caminho natural e fumar maconha [...]. Então, quando eu estava lidando com o câncer, percebi que muito dele é o que manifestamos em nossos pensamentos. Quer dizer, toda religião tem isso. Toda prática espiritual entende isso. E somos apenas nós voltando a isso — e a maconha nos ajuda.⁴

Para lidar com a morte, só renovando a arte de viver. Somente mudando, se adaptando, e continuando a mudar enquanto for possível. Antes de conhecer a maconha, eu não era mais estudioso, mais compromissado nem mais disciplinado do que sou hoje. Era, isso sim, mais arrogante, chato, competitivo e inflexível. E menos criativo.

De todas as graças concedidas pelas flores, a flexibilidade cognitiva é das mais benignas e transformadoras, tanto de si quanto das relações com os estímulos sensoriais, com as pessoas, animais, plantas e objetos inanimados. Sublime benção, ainda outra graça costuma vir associada à primeira: o contato livre com a emoção, que permite entrar em relação profunda com a beleza. Ouvindo música ou assistindo a um filme sob efeito da maconha, alcanço facilmente o choro e o riso que lavam a alma. Sagan percebeu esses usos com nitidez:

> A Cannabis permite que os não músicos saibam um pouco sobre o que é ser um músico e os não artistas entendam as alegrias da arte. [...] A experiência com a Cannabis melhorou muito meu apreço pela arte, um assunto que eu nunca havia apreciado antes. A compreensão da intenção do artista, que posso alcançar quando estou 'alto', às vezes é transferida para quando já 'desci'. Essa é uma das muitas fronteiras humanas que a Cannabis me ajudou a atravessar [...]. Pela primeira vez, pude ouvir as partes separadas de uma harmonia de três partes e a riqueza do contraponto. Desde então, descobri que músicos profissionais podem facilmente manter muitas partes separadas acontecendo simultaneamente em suas cabeças, mas essa foi a primeira vez para mim. Mais uma vez, a experiência de aprendizado quando estou chapado, pelo menos até certo ponto, se prolonga quando o efeito passa.[5]

Disse Gilberto Gil, célebre florista: "A maconha ajudou a minha música, sempre digo isso com toda a certeza. A maconha me ajudou pela criatividade, pelo modo do seu uso. Para o tipo de uso que eu queria fazer, ela me ajudou, sim".[6] De Louis Armstrong a Bob Marley, de Rita Lee a Madonna, de Gal Costa a Lady Gaga, de Snoop Dogg a Jards Macalé, de Fela Kuti a Tupac Shakur, de Hélio Oiticica a Antonio Peticov, de Maya Angelou a Kurt Vonnegut, de Allen Ginsberg a Waly Salomão, de Bob Dylan a Marcelo D2, de Cássia Eller a Mano Brown, de

Zé Celso a Maria Alice Vergueiro, de Julio Bressane a Renato Russo, de João Gilberto a Keith Richards, de Bia Lessa a Glauber Rocha, de Rihanna a Jimmy Cliff, de Miles Davis a Janis Joplin, de Peter Tosh a Tim Maia, de Gregório Duvivier a Morgan Freeman, de George Harrison a John Lennon, de Bezerra da Silva a Chico Science, de Céu a Sagan, a maconha aduba a criatividade e floresce a vida enquanto é possível viver.

A reconexão com os prazeres simples da vida — a Arte de Viver — é a dádiva canábica tão bem descrita pela poeta Maya Angelou: "Fumar maconha aliviou a tensão para mim [...]. De uma rigidez natural, derreti-me para uma tolerância sorridente. Andar pelas ruas tornou-se uma grande aventura, comer os enormes jantares de minha mãe, um entretenimento opulento e brincar com meu filho era de uma hilaridade incrível. Pela primeira vez, a vida me divertiu".[7]

Dá até para imaginar que a maconha inspirou os compositores (Bob Thiele e George David Weiss) da canção mais famosa gravada por Louis Armstrong, "What a Wonderful World", que a fizeram em sua homenagem: "Eu vejo árvores de verde/ Rosas vermelhas também/ Eu as vejo florescer/ [...] E eu penso comigo mesmo/ Que mundo maravilhoso/ [...] Eu vejo amigos apertando as mãos/ [...] Eles estão realmente dizendo/ Eu te amo/ [...] E eu penso comigo mesmo/ Que mundo maravilhoso".

Epílogo

Alimento do corpo, alimento do espírito. Apesar das décadas de proibição mundial do consumo da planta, continua a ser praticado na Índia o uso espiritual de três preparações de maconha ligadas à divindade Shiva. A mais fraca é feita de folhas (*bhang*), a de efeito moderado é feita de flores femininas (*ganja*), e a mais forte é feita apenas com a resina secretada pelas flores (*charas*). O uso dessas preparações permite contemplar pensamentos e sensações, alcançar profundos estados meditativos, realizar longas jornadas espirituais e chegar à completa dissolução da percepção corporal. Não surpreende, portanto, que o uso da maconha para auxiliar a meditação esteja ligado às práticas tântricas do budismo tibetano vajrayana. Como ferramenta de autoconhecimento, a maconha é poderosa professora de mistérios.

Veja o que disse Carl Sagan sobre maconha e espiritualidade:

> Não me considero uma pessoa religiosa no sentido usual, mas há um aspecto religioso em alguns 'highs'. A sensibilidade elevada em todas as áreas me dá uma sensação de comunhão com meu entorno, tanto animado quanto inanimado. Às vezes, uma espécie de percepção existencial do absurdo se apodera de mim e vejo

com terrível certeza as hipocrisias e as posturas minhas e de meus semelhantes. E, em outras ocasiões, há um sentido diferente do absurdo, uma consciência lúdica e caprichosa. Ambos os sentidos do absurdo podem ser comunicados, e alguns dos momentos mais gratificantes que tive foram ao compartilhar conversas, percepções e humor. A Cannabis nos traz a consciência do que passamos a vida inteira sendo treinados para ignorar, esquecer e tirar da cabeça. A sensação de como o mundo realmente é pode ser enlouquecedora. A Cannabis me trouxe alguns sentimentos sobre o que é ser louco e sobre como usamos a palavra "louco" para evitar pensar em coisas que são dolorosas demais para nós.[1]

Vale a pena comparar o testemunho de Sagan sobre os efeitos religiosos da maconha com o de seu contemporâneo Oliver Sacks: "Fiquei fascinado que alguém pudesse ter tais mudanças perceptivas, e também que elas fossem acompanhadas de certo sentimento de significado, um sentimento quase numinoso. Sou fortemente ateu por disposição, mas, mesmo assim, quando isso aconteceu, não pude deixar de pensar: 'Deve ser assim a mão de Deus'".[2]

Embora o uso das flores para promover transes, experiências místicas e conexões religiosas seja muito antigo e disseminado, pouca gente debate a legalização do uso religioso da maconha. Isso se deve em grande medida à estigmatização dessa planta sagrada, que não recebeu até hoje as justas salvaguardas dadas em diferentes países à folha e ao cipó da ayahuasca, à jurema-preta, ao cacto peiote, ao cogumelo psilocybe e a muitas outras medicinas sagradas derivadas de plantas, fungos e animais. Proibicionistas geralmente consideram droga aquilo que os outros gostam e eles não. A flor de Shiva, cultivada desde o Neolítico com reverência e amor, foi conspurcada da forma mais vil para massacrar pessoas. Crime histórico em processo de reparação ainda errático. Lembremos do líder espiritual Ras Geraldinho, "o mais velho" de uma pacífica igreja canábica que, a despeito de sua doçura inofensiva, foi encarcerado por quase sete anos por causa de 37 pés de maconha, vindo a falecer apenas três anos depois de libertado.[3] Por convidar Ras Geraldinho a participar de um evento sobre o uso terapêutico da maconha, o cientista Elisaldo Carlini foi intimado, aos 87 anos de idade, a depor na 16ª delegacia de polícia de São Paulo.[4] Injustiça tremenda, com os homens e com a erva.

Perdi a conta dos dias e noites em que as flores iluminaram meu caminho e me deram forças para seguir. Com essas professoras, aprendi sobre as muitas mentes do mundo, inclusive as que habitam a minha própria. Para contar essa parte da história precisamos voltar ao ano 2000. Caiu nas minhas mãos por completo acaso um livro publicado em 1976 que fez a minha cabeça. *The Origin of Consciousness in the Breakdown of the Bicameral Mind* [A origem da consciência no colapso da mentalidade bicameral], de Julian Jaynes. Entre muitas outras ideias muito interessantes, o livro argumenta que, em nosso passado histórico e pré-histórico, estados alterados de consciência não denotavam doença, mas sim uma condição especial que fazia das pessoas propensas à psicose e ao transe sujeitos sociais altamente valorizados por suas conexões divinas.

Para Jaynes, a evolução da mente humana começou como um espaço mental separado em dois domínios distintos, mas em diálogo. O primeiro domínio seria o "eu" que mantém sua atenção focada no tempo presente e que, como qualquer mamífero, se move ou não se move a cada instante para alcançar o que deseja ou evitar o que teme. O segundo domínio, alimentado por sonhos com familiares e amigos já falecidos, seria a terra dos ancestrais, a morada dos deuses, uma coleção de vozes capaz de influenciar o primeiro domínio com as memórias do passado e as simulações do futuro. Essa mentalidade partida em dois domínios ou câmaras, daí o termo "bicameral", teria começado há centenas de milhares de anos, ainda durante o Paleolítico intermediário, e alcançado seu ápice na Idade do Bronze. Há cerca de 3 mil anos, entretanto, essa mentalidade baseada na escuta de vozes divinas teria colapsado diante das dificuldades de adaptação à complexidade social e ambiental criada pela própria expansão da cultura humana. A mentalidade atual seria resultante desse colapso das duas câmaras em apenas uma, capaz de integrar passado, presente e futuro através de imaginação livre em qualquer direção e escala temporal. Todas as pessoas escutam vozes, mas 99% delas acreditam que são as suas próprias.

Até ler esse livro subversivo, eu havia sido um ateu bastante praticante. Com o passar do tempo, entretanto, me tornara cada vez mais curioso sobre os mecanismos causadores de diversos estados de consciência ainda muito misteriosos, como sonho, psicodelia, meditação, hipnose, transe mediúnico, possessão e psicose. O incrível livro de Jaynes me fez compreender que provavelmente meu cérebro tinha um hardware capaz de dialogar com deuses, mas meu software cultural à época não permitia acessar aquela parte da mente. Deuses no cérebro seriam como gerânios na janela: bastaria regá-los para vê-los florescer.

Desafiado por essa ideia, em meados de 2001 resolvi fazer um novo autoexperimento para tentar me abrir a outras perspectivas. Seria possível reativar deuses adormecidos na mente de um ateu convicto, regando-os por meio de rituais propiciatórios? Nessa época eu morava em Durham, na Carolina do Norte, com minha primeira companheira, a neurocientista Janaina Pantoja. Numa ida a São Paulo para dar uma palestra, desci no metrô Liberdade para visitar a Casa de Velas Santa Rita, uma bela loja de artigos religiosos afro-brasileiros que fica ali ao lado. Quando embarquei de volta aos Estados Unidos, levava na mochila duas lindas estátuas de Xangô e Iemanjá. Construí um altar, firmei meu Axé e comecei a visitar diariamente aquelas estátuas, na intenção de me comunicar com as entidades por elas representadas. Com idêntica intenção, coloquei também no altar uma foto do meu pai falecido quando eu tinha cinco anos, além de símbolos de outros ancestrais mais antigos, e comecei a trabalhar. Todos os dias, ao despertar ou me preparar para dormir, passava um instante por ali, tentando fazer algum tipo de conexão espiritual.

Confesso que no início me sentia um pouco ridículo, até porque minha companheira à época foi reticente quando apareci com as estátuas e aquela ideia dos gerânios. Ao contrário de mim, ela nada tinha de ateia e trazia suficiente vivência na umbanda para temer brincadeiras com o desconhecido. Mas eu não estava brincando, a tentativa era para valer e ela acabou por acolher minha proposta.

Fui inventando meu ritual usando a intuição como bússola e as emoções como métrica. Com o passar dos dias fui me soltando. Comecei por esticar a visita diária ao altar para uns quinze minutos. E a rezar em voz baixa, mentalizando bem-estar para as pessoas que amo e para o planeta como um todo. Aprendi comigo mesmo a consagrar água pura, dendê, incensos e óleos essenciais, com pouca teoria e muita prática. A cada dia uma combinação nova, até que passei a sentir que algo se agitava em mim. Um balbucio, um início de conversa interna?

Sim, mas não exatamente o que eu estava esperando. Comecei a ouvir uma voz sarcástica que repetia: "Isso é apenas autossugestão, seu mané!". Ao mesmo tempo, entretanto, outra voz em paralelo me acalentava: "Não se preocupe, deve mesmo ser só autossugestão, mas não tem problema: o que importa é regar os gerânios".

Senti que minha capacidade de introspecção começou a aumentar e percebi ligeiros benefícios de motivação, mas, para minha frustração, o efeito não passava nem perto de um transe místico. Segui repetindo o ritual de visita ao altar, mas voltei a me sentir ridículo de novo. Aos poucos fui ficando excessivamente consciente de como tudo aquilo seria motivo de chacota para a maior parte das pessoas que eu conhecia, se pudessem me ver naqueles instantes de clamor ateu pelo numinoso.

Estava a ponto de desistir da empreitada quando tive a ideia de chamar as flores da ganja para me acompanhar ao altar. A bem dizer, uma ideia óbvia, mas eu estava tão acostumado a encontrar a ganja apenas em contextos de diversão e fruição, que de alguma maneira havia negligenciado essa poderosa planta professora como aliada na minha busca. Saudei Xangô e Iemanjá, pedi licença aos mais velhos e consagrei pela primeira vez a milenar erva sagrada em contexto ritual...

Inicialmente senti apenas um profundo relaxamento corporal, acompanhado do deleite de existir e da aceleração dos pensamentos. Fechei os olhos e pouco a pouco fui percebendo que minha intenção consciente de conexão mística estava encontrando eco dentro de mim. Inicialmente não na interação direta com criaturas da mente, mas sim na liberação sem pudores de minha própria energia vital para um mergulho profundo no inconsciente.

Comecei a rir, cantar e dançar sem qualquer repressão, girei em frente ao altar e finalmente me esqueci do tempo... Senti com todas as células do corpo que experimentava pela primeira vez certo tipo de transe muito antigo, vivenciado incontáveis vezes por nossos ancestrais desde o final da era glacial. Sem propriamente guiar a experiência, me flagrei em vívidas imaginações ativas através da história da minha família. E então, sem aviso, escutei uma voz tênue muito tranquila e harmônica.

Era meu pai — ou, pelo menos, o pai que vive em mim. Não conversávamos há 25 anos...
— Opa opa...
— Oi, pai.
— Ô meu filho. Que bom que você me chamou.
— Tava com saudade.
— Eu também. Como é que você está?
— Tudo bem. Tô feliz.
— Coisa boa!
— E você?
— Tudo ótimo. Sua mente é um parque de diversões, querido.
— E como vai o vovô?
— Perdendo muito na tranca!
— Hahaha.
— Então tá certo. Olha, vou indo, tá?
— Fica mais.
— Não posso agora... vem você comigo.
— Vai indo que eu já vou.
— Um beijo?!
— Smack.

Despertei do transe em prantos, com a maravilhosa sensação de ser amado e cuidado pelo meu papai, há tanto tempo perdido nas brumas da memória... Ressuscitada pela ganja consagrada no altar, minha relação com ele nunca mais se rompeu. Com o tempo e a prática consegui também sentir a presença dos orixás, e passei a consultá-los sempre que necessário. Hoje trago comigo uma boa parte do panteão iorubá que sobreviveu no Brasil. Laroiê Exu, Ogunhê Ogum, Odoiá Iemanjá, Atotô Omolu, Kao Kabiecile Xangô, Oke Arô Oxóssi, Epa Baba Oxalá! E muitas outras entidades também têm abrigo ali, de Aluvaiá de Angola a Ganesh da Índia, de Asclépio da Grécia a Jesus Cristo da Galileia. Somos uma assembleia permanente de vozes diversas, herdadas de nossas famílias e culturas. No jardim da mente reconectada, vicejam gerânios e muitas outras flores.

Enquanto há vida é preciso regenerar, recriar, renascer. Criar arte, ciência e soluções para seguir. Uma tarde brincando com as crianças, um jantar delícia, um sexo *mara*, um filme fera, um tapa na pantera, uma noite linda, uma passagem melhor pelo instante, com mais suavidade, menos certezas, mais vivências, menos robotização, mais imaginação. Afinal de contas, como ensinou Sagan, "o Cosmos está dentro de nós. Somos feitos de matéria estelar. Somos uma maneira de o Universo conhecer a si mesmo". Qualquer semelhança com a dança cósmica para a qual aponta o filósofo Ailton Krenak não é mera coincidência.[5]

Às flores sou grato por tudo isso e mais um pouco. Ganho de perspectiva, paralaxe, auto-observação da mente, semente da navegação consciente. Passeio pelos caminhos do improvável, aquilo que talvez nunca fosse, mas de repente, talvez seja, quem sabe é... e pode até dar pé. O quase impossível que calha de ser necessário. O lado de fora de todo e qualquer armário. Constatação da descontinuidade do espaço-tempo, tal como percebido pelo cérebro e sua bioquímica anímica. A alma fazendo mímica. Gatilho do que não se perdeu. Eu e eu.

Agradecimentos

A decisão de escrever este livro surgiu em dezembro de 2022, durante um retiro de meditação Vipassana no centro Dhamma Sarana, em Santana de Parnaíba (SP). O texto foi escrito em Parnamirim (RN), Rio de Janeiro (RJ), Belo Horizonte (MG), Brasília (DF) e Búzios (RJ). A versão final foi colhida e curada entre setembro e outubro de 2023. Nesse processo, muitas e muitos estiveram envolvides. Perdão se esqueci alguém, pode ter sido o THC...

À inteligência, criatividade, rigor, repertório, lucidez e bom humor das editoras Rita Mattar, Fernanda Diamant e Eloah Pina, que com entusiasmo acolheram o livro na editora Fósforo. À cuidadosa preparação de texto de Andressa Veronesi e assistência editorial de Cristiane Alves Avelar. À revisão de Gabriela Rocha e Andrea Souzedo, e à diagramação de Carlos Tranjan, por trás da Página Viva. À minuciosa pesquisa de arte para a capa, com direção de arte de Julia Monteiro e projeto gráfico de Alles Blau. A arte de Ani Ganzala Lorde na capa é um deleite à parte, linda aqui e em Marte. Sou grato pela oportunidade de dialogar com essas brilhantes jardineiras de palavras e imagens, terreno fértil para o florescer deste livro.

Ao zelo cuidadoso e carinhoso de Luiz Schwarcz, da Companhia das Letras, na construção da ponte com a Fósforo.

A Júlio Tollendal Gomes Ribeiro, Luiza Mugnol-Ugarte, João Ricardo Lacerda de Menezes, Ester Nakamura-Palácios, Pedro Roitman, Ricardo Teperman, Janaina Pantoja, Cristiana Schettini Pereira, pela leitura crítica de diferentes versões do texto.

A Cecília Hedin-Pereira, João Ricardo Lacerda de Menezes, Renato Malcher-Lopes, Cida Carvalho, Fábio Carvalho, Margarete Brito, Marcos Langenbach, Claudio Queiroz, Ricardo Nemer, Emilio Nabas Figueiredo, Renato Filev, Álvaro Monteiro, Simone Leal, Francisco Guimarães, Jorge Quillfeldt, Ester Nakamura-Palácios, Fabrício Pamplona, Tarcísio Barreto Filho, Mano Brown, Marcelo D2 e Jeremy Narbin, pela interlocução e contribuição de preciosos depoimentos ou memórias em torno da maconha.

A Raphael Mechoulam, José Ribeiro-do-Valle e Elisaldo Carlini, pela grandeza intelectual, firmeza moral, coragem física e audácia geográfica de pesquisar a maconha em países periféricos, a contrapelo do pânico moral do proibicionismo.

A todas as crianças e adolescentes, que merecem viver e florescer num mundo sem guerra, como Ágatha, Ana, Anny, Bebel, Bela, Bê, Caio, Camila, Cauê, Charlotte, Chico, Clárian, Ernesto, Franziska, Gabi, Gabriel, Isadora, João, Joca, Juju, Kima, Lara, Leo, Lisa, Lukas, Maria, Mateus, Matias, Pedro, Pietra, Samuca, Sergio, Sofia, Tainá, Thiago, Vico, Xavier.

Aos bambas da fina flor da Capoeira, arte afro-indígena que venceu a proibição e se espalhou pelo planeta: Mestres Caxias,

João Grande, Paulinho Sabiá, Ramos, Nestor Capoeira, Curumim, Balão, Janja, João Angoleiro, Sabiá da Bahia, Gladson, Roxinho, Jaime de Mar Grande, Marrom, Marcos, Igor, Alysson, Irani, Ligeirinho, Picapau de Pirangi, Mala Veia e Perninha, bem como o Formando Jeguinho, a Formanda Lua, as Contramestras Flávia Soares e Tati, e o Contramestre Max.

Às instituições governamentais e não governamentais que promovem a regulação da maconha no Brasil, como o Instituto do Cérebro da Universidade Federal do Rio Grande do Norte, o Grupo de Trabalho sobre Maconha Medicinal da Fiocruz, o Centro de Estudos de Segurança e Cidadania, a Plataforma Brasileira de Política de Drogas, a Plataforma Justa, a Rede Reforma, a Rede Nacional de Feministas Antiproibicionistas, a Iniciativa Negra por uma Nova Política sobre Drogas, a Rede Pense Livre, o coletivo Growroom, o Fórum Delta9 e a Marcha da Maconha.

A todas as associações de pacientes de inestimável valor estratégico e popular, como a Abraflor, Ação Cannabis, Abracam (CE), Abracannabis (RJ), Abrace (PB), Acolher (PE), Acube (SP), Acuca (SP), Ágape (GO), Aliança Verde (DF), Apepi (RJ), Apracam (PR), ArtCanab (GO), Associação Cannabis Medicinal de Rondônia, Bioser (DF), Cannab (BA), Cannape (PE), Cultiva Brasil, Cultive (SP), Curando Ivo (GO), Curapro (SP), Divina Flor (MS), Federação das Associações de Cannabis Terapêutica (FACT), Flor da Vida, Flor da Vida (SP), Índica (BA), Liga Cannábica (PB), Mãesconhas do Brasil (SP), Obec (BA), O Saci (SP), Reconstruir (RN), Regenera (AL), Santa Cannabis (SC), Semear (PR), Sociedade Brasileira de Estudos da Cannabis (SP), Sonho Verde Brasil, SouCannabis (GO), Soucannabis, Tijucanna (MG), Volta Cannabis (RN).

A todas as pessoas que, por suas ideias e ações, contribuíram e seguem contribuindo para libertar as flores, como Adriana Lamartine, Adriano de Oliveira Carneiro, Adriano Tort, Aílton Krenak, Alcida Menezes, Alexandre de Moraes, Alice Poltosi, Allan Kardec de Barros, Alok, Alvamar Medeiros, Ana Estela Haddad, Ana Hounie, Ana Luiza Greco, Ana Luiza Meira, Ana Priscilla Marinho, Anderson Henrique, Anderson Matos, André Barros, André Ferreira Feiges, André Jung, André Kiepper, Andrea Gallassi, Angelita Araújo, Anielle Franco, Anita Krepp, Anitta, Ann Hedin, Antonio Bittencourt Júnior, Antonio Carlos Moraes, Antonio Nery, Antonio Peticov, Apollo 9, Arnaldo Antunes, Babá Adolfo, Bacalhau, Beatriz Labate, Beatriz Reingenheim, Bela Gil, Bernard Machado, Bezerra da Silva, Bi Ribeiro, Bia Lessa, Black Alien, BNegão, Bob Fernandes, Branco Mello, Brisa, Bruno Gomes, Bruno Lobão, Bruno Santos, Bruno Torturra, Caio Santos Abreu, Camila Leal Ferreira, Canhoto, Carla Coutinho, Carlos José Zimmer Junior, Carolina Nocetti, Casa de Velas Santa Rita, Cássio Yumatã Braz, Cecilia Galício Brandão, Célia Costa Braga, Céu, Charles Gavin, Christiane Tollendal, Christopher Gernand, Cilene Vieira, Cíntia Tollendal, Ciro Pessoa, Clancy Cavnar, Claudia Kober, Cláudia Linhares, Claudine Ferrão, Claudio Angelo, Clécio Dias, Cleusa Ladário, Clotilde Tânia Rodrigues Luz, Criolo, Cristiano Maronna, Cristiano Simões, Daniel Ganjaman, Daniel Takahashi, Daniela Monteiro, Danilo Thomaz, Dario de Moura, Dartiu Xavier da Silveira, Dayane Guimarães Lima, Débora Sá, Dengue, Denis Petucco, Denis Russo Burgierman, Denise Pires de Carvalho, Dicró, Diego Laplagne, Diogo Busse, Dráulio de Araújo, Drauzio Varella, Dudu Ribeiro, Edi Rock, Edson Fachin, Edson Sarques Prudente, Eduarda Alves Ribeiro, Eduardo Bueno, Eduardo Faveret, Eduardo Sampaio, Eduardo Schenberg, Eduardo Sequerra, Eduardo Suplicy, Edward McRae, Eliana Sousa Silva, Eliane

Brum, Eliane Dias, Eliane Nunes, Elisaldo Carlini, Emicida, Emílio Figueiredo, Emílio Vieira, Érico dos Santos Junior, Erivan Melo, Ernesto Saias Soares, Ernesto Soto, Fabio Presgrave, Fabio Toniolo, Fabrício Moreira, Fabrício Moreira, Fabrício Pamplona, Felipe de Castro, Felipe Farias, Felipe Pegado, Fernanda de Almeida, Fernanda Mello, Fernanda Mena, Fernando Antonio Bezerra Tollendal, Fernando Beserra, Fernando Edson Cerqueira Filho, Fernando Gabeira, Fernando Haddad, Fernando Henrique Cardoso, Fernando Moraes, Fernando Velho, Fióte, Flávia Ribeiro, Flávio Lobo, Formando Jeguinho (Rafael Bittencourt), Formigão, Francisco de Abreu Franco Netto, Francisco Inácio Bastos, Frederico Prudente, Gabriel Elias, Gabriel Lacombe, Gabriel o Pensador, Gabriela Costa Braga, Gabriela dos Santos, Gabriela Moncau, Gabriela Moraes, Gabriela Oliveira, Gabriela Simão, Gabriella Arima de Carvalho, Geovani Martins, Geraldo Alckmin, Gilberto Dimenstein, Gilberto Gil, Gilmar Bola 8, Gilmar Mendes, Gilson Antunes da Silva, Gira, Glauber Loures, Glauco Tollendal, Glória Maria, Gregório Duvivier, Guilherme Coelho, Gustavo Da Lua, Hanna Limulja, Hayne Felipe, Helena Borges, Helio Bentes, Hélio Schwartsman, Henrique Carneiro, Henrique Pacheco, Herbert Vianna, Hermano Vianna, Ian Guedes, Ice Blue, Ichiro Takahashi, Igor Praxedes, Ildeu de Castro Moreira, Ilona Szabó, Ingrid Farias, Ingrid Trancoso, Íris Roitman, Isabela Cunha, Isolda Dantas, Ítalo Coelho, Ivan de Araújo, Ivich, Ivo Lopes Araújo, Jackeline Barbosa, Janaína Barboza, Jânio de Freitas, Jefferson Neves Pereira, Jera Guarani Mbya, Jessica Pires, Joana Amador, Joana Prudente, João Barone, João Paulo Costa Braga, João Vieira Jr., Joel Ilan Paciornik, John Fontenele de Araújo, John Lennon, Jorge Du Peixe, José Balestrini, José Daniel Diniz de Melo, José Eduardo Agualusa, José Henrique Torres, José Luís Gomes da Silva, José Paulo, Juliana Borges, Juliana de Araujo Rodrigues, Juliana de

Paolinelli, Juliana Lima, Juliana Pimenta, Julio Américo, Julio Delmanto, Karin Moreira, Karla Antunes, Katarina Leão, Katiúscia Ribeiro, Kellen Marques, Kerexu Guarany-Mbya, Kerstin Schmidt, KL Jay, Laerte Ladário, Layla Motta, Leandro Pinheiro, Leandro Ramires, Leilane Assunção, Leon Garcia, Leonardo Costa Braga, Leonardo Sinedino, Letícia Simões, Lilia Moritz Schwarcz, Lívia de Melo, Luana Malheiros, Lucas Kastrup, Luciana Boiteux, Luciana de Barros Jaccoud, Luciana Surjus, Luciana Zaffalon, Luciano Arruda, Luciano Ducci, Luciano Roitman, Lúcio Maia, Ludmila, Luís Eduardo Soares, Luís Fernando Tófoli, Luis Francisco Carvalho, Luís Roberto Barroso, Luísa Tollendal Prudente, Mac Niven, Mãe Beth de Oxum, Mãe Jaci, Mãe Lu, Malu Mader, Mandacaru, Mani de Azevedo, Mapu Huni Kuin, Marcel Grecco, Marcel Segalla Osama, Marceleza, Marcello Dantas, Marcelo Campos, Marcelo D2, Marcelo Fromer, Marcelo Gomes, Marcelo Grecco, Marcelo Leite, Marcelo Roitman, Marcelo Tas, Marcelo Tollendal Alvarenga, Márcio Dias Gomes, Márcio Roberto, Márcio Sampaio, Marco Marcondes de Moura, Marcos Matias, Marcus Vinicius, Maria Bernardete Cordeiro de Sousa, Maria Carlota Bruno, Maria Carolina Borin, Maria Clara, Maria Lúcia Karam, Maria Rita Kehl, Mariana Alves Ribeiro, Mariana David German, Mariana de Moraes, Mariana Lacerda, Mariana Muniz, Mariano Sigman, Marília Guimarães, Marina Bortolon Moreira, Marina Pádua Reis, Mário Eduardo Pereira, Mário Kertész, Mario Lisboa Theodoro, Mário Moreira, Marisa Mamede, Marisa Monte, Marta Mugnol, Mateus Santana, Matias Maxx, Mauricio Fiore, Maurides Ribeiro, Michele Soares, Millena Machado, Miriam Krenzinger, MV Bill, Mychelle Monteiro, Nanda Torres, Nando Reis, Nara Aragão, Natália Bezerra Mota, Nathália Oliveira, Negalê, Nelson Motta, Nice Souza, Nina Kopko, Nísia Trindade, Nobru Pederneiras, Onildo Marini Jr., Orlando Bueno, Orlando Zaccone, Otavio

Frias Filho, Padre Ticão, Pamela Pini, Pamella Carvalho, Patrícia Rosa, Patrícia Tollendal Stein, Patrícia Villela Marino, Patrick Coquerel, Paula Dalla'Stella, Paula Signorelli, Paula Zomignani, Paulo Amarante, Paulo de Azevedo, Paulo Fleury, Paulo Gadelha, Paulo Lima, Paulo Mattos, Paulo Miklos, Paulo Teixeira, Paulo Werneck, Pedrinho Moreira e Moabe Filho, Pedro 'Pedrada' Caetano, Pedro Andrade, Pedro Bial, Pedro da Costa Mello Neto, Pedro Dória, Pedro Garcia, Pedro Godoy Bueno, Pedro Guinu, Pedro Themóteo Alves Correa, Pedro Zarur, Pepe Mujica, Pertteson Silva, Priscila Gadelha, Pupillo, Rael, Rafael Franzon, Rafael Kalebe, Ramon Lira, Raphael Ericksen, Raquel Nunes, Ras Geraldinho, Raull Santiago, Rebeca Lerer, Reinaldo Lopes, Reinaldo Takahashi, Renata Monteiro Dantas, Renata Souza, Renato Cinco, Renato Janine Ribeiro, Renato Russo, Ricardo Chaves, Ricardo Ferreira, Ricardo Reis, Richardson Leão, Rita Lee, Roberta Marcondes Costa, Roberta Mugnol de Oliveira, Roberto D'Ávila, Roberto Lent, Rodolfo Variani, Rodrigo Pacheco, Rodrigo Pereira, Rodrigo Quintela, Rodrigo Sampaio, Rolando Monteiro, Ronaldo Bressane, Rosa Weber, Rosane Borges, Rossella Fabri, Samuel Ladário, Sandro Rodrigues, Santos Flores, Sebastián Basalo, Sergio Alves Ribeiro, Sergio Arthuro Motta Rolim, Sérgio Britto, Sergio Guerra, Sergio Neuenschwander, Sergio Ruschi, Sergio Vidal, Seu Jorge, Sheila Geriz, Silvio Almeida, Skunk, Sofia Roitman, Speed, Stevens Rehen, Sueli Carneiro, Sylara Silverio, Tadeu Jungle, Tales Tollendal Alvarenga, Tarciso Velho, Tarsila Tavares, Tarso Araujo, Terezinha Ferreira Mugnol, Tersio Greguol, Thaís Ferreira, Thais Naiara Fonseca, Theo van der Loo, Tiago Albertini Balbino, Tiago Caetano, Toca Ogan, Tom Rocha, Tony Bellotto, Valber Frutuoso, Valcler Rangel, Vera Lúcia Tollendal Gomes Ribeiro, Veronica Nunes, Victor Vilhena Barroso, Vilma Alves Ribeiro, Vincent Brown, Virginia Carvalho, Viviane Sedola, Wado, Waldemar Magaldi, William Lantelme, Yogi Pinto Pacheco Filho, Yoko Ono, Zé Celso Martinez Correa, Zé Gonzales e Zeneide Bezerra.

Notas

A MACONHA VENCE POR *IPPON* [PP. 11-20]

1. Frank Newport, "American and the Future of Cigarettes, Marijuana, Alcohol". *Gallup*, 26 ago. 2022. Disponível em: <news.gallup.com/opinion/polling-matters/398138/americans-future-cigarettes-marijuana-alcohol.aspx>. Acesso em: 2 ago. 2023.

2. Cathleen O'Grady, "Cannabis Research Database Shows How U.S. Funding Focuses on Harms of the Drug". *Science*, 27 ago. 2020. Disponível em: <www.science.org/content/article/cannabis-research-database-shows-how-us-funding-focuses-harms-drug>. Acesso em: 2 ago. 2023.

3. Sanjay Gupta, "Why I Changed My Mind on Weed". *CNN Health*, 8 ago. 2013. Disponível em: <edition.cnn.com/2013/08/08/health/gupta-changed-mind-marijuana/index.html>. Acesso em: 2 ago. 2023.

4. Em Washington, o uso medicinal da maconha já era legalizado desde 1998. Em 2012, foi legalizado o uso recreativo nos dois estados. Cf. "Medical Cannabis. History in Washington". Washington State Department of Health. Disponível em: <doh.wa.gov/you-and-your-family/cannabis/medical-cannabis/laws-and-rules/history-washington>. Acesso em: 16 ago. 2023.

5. Andrew Daniller, "Two-thirds of Americans Support Marijuana Legalization". Pew Reaseacher Center, 14 nov. 2019. Disponível em: <www.pewresearch.org/short.reads/2019/11/14/americans-support-marijuana-legalization>. Acesso em: 2 ago. 2023.

6. Statista, "Cannabis — Worldwide". Disponível em: <www.statista.com/outlook/hmo/Cannabis/worldwide>. Acesso em: 2 ago. 2023. Ver também

"Cannabis Market Size, Share and Covid-19 Impact Analysis...", Fortune Business Insights, jul. 2023. Disponível em: <www.fortunebusinessinsights.com/industry-reports/cannabis-marijuana-market-100219>. Acesso em: 2 ago. 2023.

O BRASIL É RETARDATÁRIO, MAS AVANÇA [PP. 21-44]

1. Renato Malcher-Lopes e Sidarta Ribeiro, *Maconha, cérebro e saúde*. Prefácio de João Ricardo Lacerda de Menezes. São Paulo: Reviver, 2019.

2. Marília Juste, "Músico preso por plantar maconha teme que caso se repita". G1, 17 jul. 2010. Disponível em: <g1.globo.com/rio-de-janeiro/noticia/2010/07/musico-preso-por-plantar-maconha-teme-que-caso-se-repita.html>. Acesso em: 2 ago. 2023.

3. Marília Juste, "Carta sobre descriminalização da maconha divide neurocientistas". G1, 15 jul. 2010. Disponível em:<g1.globo.com/ciencia-e-saude/noticia/2010/07/carta-sobre-descriminalizacao-da-maconha-divide-neurocientistas.html>. Acesso em: 2 ago. 2023.

4. Canal Eu protesto pelo Brasil e Amigos, "Legalização da maconha debate completo Folha de S.Paulo 20/10/2010". YouTube. Disponível em: <www.youtube.com/watch?v=QOBxnWbS4yI&t=608s>. Acesso em: 2 ago. 2023.

5. Flávia Cristina, "Estudante comemora autorização para usar remédio à base de maconha". G1, 29 ago. 2014. Disponível em: <g1.globo.com/minas-gerais/noticia/2014/08/estudante-comemora-autorizacao-para-usar-remedio-base-de-maconha.html>. Acesso em: 2 ago. 2023.

6. Camila Brandalise, "Descobri um câncer no parto e a maconha me ajudou a ser mãe de verdade". *Universa*, Uol, 8 nov. 2018. Disponível em: <www.uol.com.br/universa/noticias/redacao/2018/11/08/descobri-um-cancer-no-parto-e-a-maconha-me-ajudou-a-ser-mae-de-verdade.html>. Acesso em: 2 ago. 2023.

7. Gabriela Ingrid, "Com esclerose múltipla, me deram só mais cinco anos. Maconha me devolveu a vida". *Viva bem*, Uol, 7 dez. 2018. Disponível em: <www.uol.com.br/vivabem/noticias/redacao/2018/12/07/com-esclerose-multipla-me-deram-cinco-anos-de-vida-maconha-me-salvou.htm#:~:text=Imagine%20ser%20diagnosticado%20com%20uma,ap%C3%B3s%20relatar%20dorm%C3%AAncia%20nas%20pernas>. Acesso em: 2 ago. 2023.

8. Bruno Levinson, *Baseado em papos reais: maconha*. São Paulo: Blucher, 2023, p. 162.

9. Neldson Marcolin e Ricardo Zorzetto, "Elisaldo Carlini: o uso medicinal da maconha". *Revista Pesquisa*, n. 168, fev. 2010. Disponível em: <revistapesquisa.fapesp.br/elisaldo-carlini-o-uso-medicinal-da-maconha/>. Acesso em: 29 ago. 2023.

10. A. W. Zuardi et al., "Action of Cannabidiol on the Anxiety and Other Effects Produced by Delta-9-THC in Normal Subjects". *Psychopharmacology*, Berlim, v. 76. n. 3, pp. 245-50, 1982.

11. Aviva Breuer et al., "Fluorinated Cannabidiol Derivatives: Enhancement of Activity in Mice Models Predictive of Anxiolytic, Antidepressant and Antipsychotic Effects". *PLosOne*, v. 11, n. 7, artigo n. e0158779, 14 jul. 2016.

12. F. S. Guimarães et al., "Antianxiety Effect of Cannabidiol in the Elevated Plus-maze". *Psychopharmacology*, Berlim, v. 100, n. 4, pp. 558-9, 1990.

13. E. M. Nakamura et al., "Reversible Effects of Acute and Long-Term Administration of Delta-9-tetrahydrocannabinol (THC) on Memory in the Rat". *Drug and Alcohol Dependence*, v. 28, n. 2, pp. 167-75, ago. 1991.

14. Igor Rafael Praxedes de Sales, *Atividade anticrise de fitocomplexos derivados de Cannabis spp. e do canabidiol em um modelo de status epilepticus em camundongos*. Natal: UFRN, 2022. Tese (Doutorado em Neurociência).

15. "Drauzio Dichava #1/Era uma vez uma planta". Drauzio Varella. YouTube, 22 abr. 2019. Disponível em: <www.youtube.com/watch?v=7fpBrVl883Y>. Acesso em: 6 set. 2023.

16. Durante a escrita deste livro, o projeto ainda não havia terminado de tramitar.

17. Williane Silva, "Anvisa autoriza cultivo de Cannabis para pesquisa na UFRN", 16 dez. 2022. Disponível em: <www.ufrn.br/imprensa/noticias/66596/anvisa-autoriza-cultivo-de-cannabis-para-pesquisa-na-ufrn>. Acesso em: 2 ago. 2023.

18. Lucas Góis, "Saiba como a UFRN está desenvolvendo um sólido programa de pesquisa sobre Cannabis numa fase pré-clínica". Sechat, 13 fev. 2023. Disponível em: <sechat.com.br/saiba-como-a-ufrn-esta-desenvolvendo-um-solido-programa-de-pesquisa-sobre-cannabis-numa-fase-pre-clinica/>. Acesso em: 2 ago. 2023.

19. Lester Grinspoon, "Statement of Lester Grinspoon, m. d., Associate Professor of Psychiatry, Harvard Medical School". *Medical marijuana referenda movement in America. Hearing before the Subcommittee on Crime of the Committee on the Judiciary House of Representatives.* Disponível em: <commdocs.house.gov/committees/judiciary/hju58955.000/hju58955_of.htm>. Acesso em: 16 ago. 2023.

NASCEU NA CHINA A FLOR DO GANGES [PP. 45-59]

1. Guanpeng Ren et al., "Large-scale Whole-Genome Resequencing Unravels the Domestication History of *Cannabis sativa*". *Science Advances*, v. 7, n. 29, 16 jul.

2021. Disponível em: <www.science.org/doi/10.1126/sciadv.abg2286>. Acesso em: 2 ago. 2023.

2. Gil Bar-Sela et al., "The Effects of Dosage-Controlled Cannabis Capsules on Cancer-Related Cachexia and Anorexia Syndrome in Advanced Cancer Patients: Pilot Study". *Integrative Cancer Therapy*, v. 18, jan.-dez. 2019. Disponível em: <journals.sagepub.com/doi/10.1177/1534735419881498>. Acesso em: 2 ago. 2023.

3. Robert Ramer, Felix Wittig e Burkhard Hinz. "The Endocannabinoid System as a Pharmacological Target for New Cancer Therapies". *Cancers (Basel)*, v. 13, n. 22, 15 nov. 2021. Disponível em: <doi.org/10.3390/cancers13225701>. Acesso em: 2 ago. 2023.

4. Anna Maria Malfitano et al., "Update on the Endocannabinoid System as an Anticancer Target". *Expert Opinion on Therapy Targets*, v. 15, n. 13, pp. 297-308, 2011. Ver também Sebastian Sailler et al., "Regulation of Circulating Endocannabinoids Associated with Cancer and Metastases in Mice and Humans". *Oncoscience*, v. 1., n. 4, pp. 272-82, 30 abr. 2014.

5. Robert Ramer e Burkhard Hinz, "Cannabinoids as Anticancer Drugs". *Advances in Pharmacoly*, v. 80, pp. 397-436, 2017. Ver também Guillermo Velasco, Cristina Sánchez e Manuel Guzmán, "Towards the Use of Cannabinoids as Antitumour Agents". *Nature Reviews Cancer*, v. 12, pp. 436-44, 4 maio 2012. E ainda: Sean D. McAllister et al. "Cannabinoid Cancer Biology and Prevention". *Journal National Cancer Institute*, n. 58, pp. 99-106, dez. 2021.

6. Hadassah Medical Organization, "A Study: Pure CBD as Single-agent for Solid Tumor". Clinical Trials, set. 2014. Disponível em: <classic.clinicaltrials.gov/ct2/show/nct02255292>. Acesso em: 6 set. 2023; Jazz Pharmaceuticals, "A Safety Study of Sativex in Combination With Dose-intense Temozolomide in Patients with Recurrent Glioblastoma." Clinical Trials, 18 mar. 2013. Disponível em: <classic.clinicaltrials.gov/ct2/show/nct01812603>. Acesso em: 6 set. 2023.

7. Julian Kenyon, Wai Liu, Angus Dalgleish, "Report of Objective Clinical Responses of Cancer Patients to Pharmaceutical-grade Synthetic Cannabidiol". *Anticancer Research*, v. 38, n. 10, pp. 5831-5, out. 2018.

8. Hui-Lin Li, "An Archaeological and Historical Account of Cannabis in China". *Economic Botany*, v. 28, n. 4, pp. 437-48, out.-dez. 1984. Disponível em: <www.jstor.org/stable/4253540>. Acesso em: 2 ago. 2023.

9. Mia Touw, "The Religious and Medicinal Uses of Cannabis in China, India and Tibet". *Journal of Psychoactive Drugs*, v. 13, n. 1, pp. 23-34, 1981. Ver também Antonio Waldo Zuardi, "History of Cannabis as a Medicine: A review". *Brazilian Journal of Psychiatry*, v. 28, n. 2, pp. 53-157, jun. 2006.

10. Ka Wai Fan, "On Hua Tuo's Position in the History of Chinese Medicine". *The American Journal of Chinese Medicine*, v. 32, n. 2, pp. 313-20, 2004.

11. A ampla utilização sacramental da maconha na religião rastafári reflete o contato cultural entre afrodescendentes e imigrantes hindus na Jamaica, durante os séculos 19 e 20. Ver: Vincent E. Burgess, *Indian Influences on Rastafarianism*. Ohio: Ohio State University, 2007. Tese (Livre Docência).

12. Christian Rätsch, *Plants of Love*. Berkeley: Ten Speed Press, 1997, pp. 82, 86.

13. Dominik Wujastyk, "Cannabis in Traditional Indian Herbal Medicine". In: Ana Salema (Org.), *Ayurveda at the Crossroads of Care and Cure: Proceedings of the Indo-European Seminar on Ayurveda*. Lisboa: Universidade Nova de Lisboa, 2002, pp. 45-73.

14. Robert C. Clarke e Mark D. Merlin, *Cannabis: Evolution and Ethnobotany*. Berkeley: University of California Press, 2016, p. 234.

15. F. Parsche, S. Balabanova e W. Pirsig, "Drugs in Ancient Populations". *Lancet*, v. 20, maio 1993.

16. Brian M. du Toit, "Man and Cannabis in Africa: A Study of Diffusion". *African Economy History*, pp. 17-35, primavera de 1976.

17. Zach Fenech, "The Best Weed Quotes by Famous People Throughout History". *Herb*, 19 set. 2019. Disponível em: <herb.co/news/culture/weed-quotes//>. Acesso em: 3 ago. 2023.

18. "Linho Cânhamo". *O Arquivo Nacional e a História Luso-Brasileira*. 29 nov. 2021. Disponível em: <historialuso.arquivonacional.gov.br/index.php?option=com_content&view=article&id=6444:linho-canhamo&catid=2080&Itemid=215>. Acesso em: 3 ago. 2023.

19. Edward MacRae e Wagner Coutinho Alves (Orgs.), *Fumo de Angola: Cannabis, racismo, resistência cultural e espiritualidade*. Salvador: Edufba, 2016. Ver também Luísa Saad, *Fumo de negro: a criminalização da maconha no pós-abolição*. Salvador: Edufba, 2019; e Chris S. Duvall, *The African Roots of Marijuana*. Durham, Carolina do Norte: Duke University Press, 2019.

20. Laurentino Gomes, *Escravidão: do primeiro leilão de cativos em Portugal até a morte de Zumbi dos Palmares*. Rio de Janeiro: Globo, 2019, v. 1.

21. F. de Assis Iglésias, "Sôbre o vício da diamba". In: Brasil, *Comissão Nacional de Fiscalização de Entorpecentes. Maconha: coletânea de trabalhos brasileiros*. 2. ed. Rio de Janeiro: Serviço Nacional de Educação Sanitária, 1958, pp. 15-23.

22. Leonard E. Barrett, *The Rastafarians* [1988]. Boston: Beacon Press, 1997; Ennis B. Edmonds, *Rastafari: A Very Short Introduction*. Oxford: Oxford University Press, 2004.

23. Sobre os hábitos indígenas relacionados à maconha, ver Eduardo Galvão e Charles Wagley, *Os índios Tenetehara: uma cultura em transição* (Rio de Janeiro/Distrito Federal: Dep. Imprensa Nacional/Ministério da Educação e Cultura, 1961); Anthony R. Henman, "A guerra às drogas é uma guerra etnocida: um estudo do uso da maconha entre os indígenas tenetehara do Maranhão".

Religião e Sociedade, Rio de Janeiro, v. 10, pp. 37-48, nov. 1983; Guilherme Pinho, "Medicinas da floresta: conexões e conflitos cosmo-ontológicos". *Horizontes Antropológicos*, v. 51, pp. 229-58, 2018; Marcos Pivetta, "As lições dos Kraho". *Revista Pesquisa*, São Paulo, Fapesp, v. 70, 2001. Disponível em: <revistapesquisa.fapesp.br/as-licoes-dos-kraho/>. Acesso em: 3 ago. 2023.

24. Guangpeng Ren et al., "Large-scale whole-genome resequencing unravels the domestication history of Cannabis sativa". *Science Advances*, v. 7, n. 29, 16 jul. 2021.

25. Ailton Krenak, *Ideias para adiar o fim do mundo*. São Paulo: Companhia das Letras, 2020.

A CIÊNCIA DAS FLORES [PP. 60-7]

1. Sir William Brooke O'Shaughnessy. "On the Preparation of the Indian Hemp, or Guijah". *Journal of the Asiatic Society of Bengal*, n. 93, pp. 732-45. set. 1839. Disponível em: <archive.org/details/journalofasiatico8asia/page/732/mode/1up?view=theater>. Acesso em: 2 out. 2023.

2. Charles Sajou, *Sajou's Analytic Cyclopedia of Practical Medicine. Cannabis Indica to Dermatitis*, v. 3 [1922]. Londres: Forgotten Books, 2018.

3. Lucas V. Araújo Silva, *Catalogo de extractos fluidos*. Rio de Janeiro: Silva Araujo & Cia., 1930.

4. Elisaldo Araújo Carlini, "A história da maconha no Brasil". *Jornal Brasileiro de Psiquiatria*, v. 55, n. 4, 2006. Disponível em: <doi.org/10.1590/S0047-20852006000400008>. Acesso em: 3 ago. 2023.

5. Y. Gaoni, R. Mechoulam, "Isolation, Structure, and Partial Synthesis of an Active Constituent of Hashish". *Journal of the American Chemical Society*, v. 86, n. 8, pp. 1646-7, abr. 1964.

6. J. M. Cunha et al., "Chronic Administration of Cannabidiol to Healthy Volunteers and Epileptic Patients". *Pharmacology*, v. 21, n. 3, pp. 175-85, 1980.

7. Os estudos que descrevem os testes são: O. Devinsky et al., "Trial of Cannabidiol for Drug-Resistant Seizures in the Dravet Syndrome. Cannabidiol in Dravet Syndrome Study Group", *The New England Journal of Medicine*, v. 376, n. 21, pp. 2011-20, 25 maio 2017; O. Devinsky et al., "Effect of Cannabidiol on Drop Seizures in the Lennox-Gastaut Syndrome. GWPCARE3 Study Group". *The New England Journal of Medicine*, v. 378, n. 20, pp. 1888-97, 17 maio 2018.

8. W. A. Devane et al., "Isolation and structure of a brain constituent that binds to the cannabinoid receptor". *Science*, v. 258, n. 5090, pp. 1946-9, 18 dez. 1992.

9. David Robbe et al., "Cannabinoids Reveal Importance of Spike Timing Coordination in Hippocampal Function". *Nature Neuroscience*, v. 9, n. 12, pp. 1526-33, 19 nov. 2006.

10. Paulo Fleury-Teixeira et al., "Effects of CBD-Enriched Cannabis sativa Extract on Autism Spectrum Disorder Symptoms: An Observational Study of 18 Participants Undergoing Compassionate Use". *Frontiers in Neurology*, v. 10, p. 1145, 31 out. 2019.

11. Sara Lukmanji et al., "The Co-Occurrence of Epilepsy and Autism: A Systematic Review". *Epilepsy & Behavior*, v. 98, pp. 238-48, set. 2019.

YANG, YIN E MUITAS OUTRAS MOLÉCULAS [PP. 68-76]

1. W. A. Devane et al., "Determination and Characterization of a Cannabinoid Receptor in Rat Brain". *Molecular Pharmacology*, v. 34, n. 5, pp. 605-13, 1988. Ver também Lisa A. Matsuda et al., "Structure of a Cannabinoid Receptor and Functional Expression of the Cloned CDNA". *Nature*, v. 346, n. 6284, pp. 561-64.

2. J. M. Derocq et al., "Cannabinoids Enhance Human B-cell Growth at Low Nanomolar Concentrations". *FEBS Letters*, v. 369, n. 1, pp. 177-82, 1995; Ver também M. Bouaboula et al., "Cannabinoid-Receptor Expression in Human Leukocytes". *European Journal of Biochemistry*, v. 214, n. 1, pp. 173-80.

3. Ethan B. Russo et al., "Survey of Patients Employing Cannabigerol--Predominant Cannabis Preparations: Perceived Medical Effects, Adverse Events, and Withdrawal Symptoms". *Cannabis Cannabinoid Research*, v. 7, n. 5, pp. 706-16, 12 out. 2022.

4. Daniel I. Brierley et al., "Cannabigerol is a Novel, Well-Tolerated Appetite Stimulant in Pre-Satiated Rats". *Psychopharmacology*, v. 233, n. 19-20, pp. 3603-13, out. 2016; Ver também Id., "A Cannabigerol-Rich Cannabis sativa extract, devoid of [INCREMENT]9-tetrahydrocannabinol, Elicits Hyperphagia in Rats". *Behavioural Pharmacology*, v. 28, n. 4, pp. 280-4, jun. 2017.

5. Daniel I. Brierley et al., "Chemotherapy-Induced Cachexia Dysregulates Hypothalamic and Systemic Lipoamines and is Attenuated by Cannabigerol". *Journal of Cachexia, Sarcopenia and Muscle*, v. 10, n. 4, pp. 844-59, ago. 2019.

6. Michael R. Irwin e Michael V. Vitiello, "Implications of Sleep Disturbance and Inflammation for Alzheimer's Disease Dementia". *The Lancet Neurology*, v. 18, n. 3, pp. 296-306, mar. 2019; Ehsan Shokri-Kojori et al., "Beta-Amyloid Accumulation in the Human Brain After One Night of Sleep Deprivation". *PNAS*, v. 115, n. 17, pp. 4483-8, 24 abr. 2018; Edwom E. Martínez Leo e Maria R. Segura Campos, "Effect of Ultra-Processed Diet on Gut Microbiota and Thus its Role in Neurodegenerative Diseases". *Nutrition*, v. 71, n. 110609, mar. 2020; Zurine De Miguel et al., "Exercise Plasma Boosts Memory and Dampens Brain Inflammation via Clusterin". *Nature*, v. 600, n. 7889, pp. 494-9, dez. 2021; Longfei Xu et al., "Treadmill Exercise Promotes E3 Ubiquitin Ligase to Remove Amyloid Beta and P-tau and Improve Cognitive Ability in APP/PS1 Transgenic Mice". *Journal of Neuroinflammation*, v. 19, artigo 243, 4 out. 2022.

7. Huiping Li et al., "Association of Ultraprocessed Food Consumption With Risk of Dementia: A Prospective Cohort Study". *Neurology*, v. 99, n. 10, pp. 1056-6, 6 set. 2022.

8. Antonio Currais et al., "Amyloid Proteotoxicity Initiates an Inflammatory Response Blocked by Cannabinoids". *NPJ Aging*, v. 2, artigo n. 16012, 23 jun. 2016; Zhibin Liang et al., "Cannabinol inhibits oxytosis/ferroptosis by directly targeting mitochondria independently of cannabinoid receptors". *Free Radical Biology Medicine*, v. 180, pp. 33-51, 20 fev. 2022.

9. Sophie Watts et al., "Cannabis Labelling is Associated with Genetic Variation in Terpene Synthase Genes". *Nature Plants*, v. 7, n. 10, pp. 1330-4, 14 out. 2021.

10. Ethan B. Russo, "Taming THC: Potential Cannabis Synergy and Phytocannabinoid-Terpenoid Entourage Effects". *British Journal of Pharmacology*, v. 163, n. 7, pp. 1344-64, 12 jul. 2011. Ver também Rita de Cássia da Silveira e Sá et al., "Analgesic-like Activity of Essential Oil Constituents: An Update". *International Journal of Molecular Sciences*, v. 18, n. 12, 9 dez. 2017; Hannah M. Harris et al., "Role of Cannabinoids and Terpenes in Cannabis-Mediated Analgesia in Rats". *Cannabis and Cannabinoid Research*, v. 4, n. 3, pp. 177-82, 2019.

11. A respeito da diminuição de citocinas, ver Patrizia A. D'Alessio et al., "Oral Administration of D-limonene Controls Inflammation in Rat Colitis and Displays Anti-inflammatory Properties as Diet Supplementation in Humans" (*Life Sciences*, v. 92, n. 24-26, pp. 1151-6, 10 jul. 2013). Sobre efeitos cicatrizantes: Patrizia A. D'Alessio et al., "Skin Repair Properties of D-Limonene and Perillyl Alcohol in Murine Models" (*Anti-inflammatory and Anti-allergy Agents in Medicinal Chemistry*, v. 13, n. 1, pp. 29-35, mar. 2014). Já sobre efeitos antidepressivos, ver: Zahra Lorigooini et al., "Limonene through Attenuation of Neuroinflammation and Nitrite Level Exerts Antidepressant-Like Effect on Mouse Model of Maternal Separation Stress" (*Behavioural Neurology*, artigo n. 8817309, 29 jan. 2021).

12. Juyong Kim et al., "The Cannabinoids, CBDA and THCA, Rescue Memory Deficits and Reduce Amyloid-Beta and Tau Pathology in an Alzheimer's Disease-like Mouse Model". *International Journal of Molecular Sciences*, v. 24, n. 7, pp. 6827, 6 abr. 2023.

13. Shimon Ben-Shabat et al., "An Entourage Effect: Inactive Endogenous Fatty Acid Glycerol Esters Enhance 2-Arachidonoyl-glycerol Cannabinoid Activity". *European Journal of Pharmacology*, v. 353, n. 1, pp. 23-31, 17 jul. 1998.

14. Sari G. Ferber et al., "The 'Entourage Effect': Terpenes Coupled with Cannabinoids for the Treatment of Mood Disorders and Anxiety Disorders". *Current Neuropharmacology*, v. 18, n. 2, pp. 87-96, 2020.

15. Henry Blanton et al., "Cannabidiol and Beta-Caryophyllene in Combination: A Therapeutic Functional Interaction". *International Journal of Molecular Sciences*, v. 23, n. 24, artigo n. 15470, 7 dez. 2022.

16. Noa Raz et al., "Terpene-Enriched CBD Oil for Treating Autism-derived Symptoms Unresponsive to Pure CBD: Case Report". *Frontiers in Pharmacology*, v. 13, artigo n. 979403, 28 out. 2022.

17. Shimrit Uliel-Sibony et al., "Cannabidiol-Enriched Oil in Children and Adults with Treatment-resistant Epilepsy: Does Tolerance Exist?". *Brain & Development*, v. 43, n. 1, pp. 89-96, jan. 2021.

18. Ailim Cabral, "A história de vida...". *Correio Braziliense*, 21 nov. 2021. Disponível em: <www.correiobraziliense.com.br/revista-do-correio/2021/11/4963751-vida-e-ciencia.html>. Acesso em: 7 ago. 2023.

19. Patrícia Montagner et al., "Individually Tailored Dosage Regimen of Full-spectrum Cannabis Extracts for Autistic Core and Comorbid Symptoms: A Real-life Report of Multi-symptomatic benefits". *Frontiers*, v. 14, 2023.

20. Leandro Ramires, "Uso medicinal da cannabis no país". *Estado de Minas*, 12 jun. 2023. Disponível em: <www.em.com.br/app/noticia/opiniao/2023/06/12/interna_opiniao,1505745/uso-medicinal-da-cannabis-no-pais.shtml?fbclid=PAAabEC6t99T1BYkkSDVIbAHUxZVROIIQFhIhj3YkoIQtf_B8IC3gNo1e1Xp8>. Acesso em: 7 ago. 2023.

21. Lihi Bar-Lev Schleider et al., "Real Life Experience of Medical Cannabis Treatment in Autism: Analysis of Safety and Efficacy". *Scientific Reports*, v. 9, n. 1, artigo n. 200, 17 jan. 2019. Ver também Dana Barchel et al., "Oral Cannabidiol Use in Children with Autism Spectrum Disorder to Treat Related Symptoms and Co-morbidities". *Frontiers*, artigo n. 1521, 9 jan. 2019; Micha Hacohen et al., "Children and Adolescents with ASD Treated with CBD-rich Cannabis Exhibit Significant Improvements Particularly in Social Symptoms: An Open Label Study". *Translation Psychiatry*, v. 12, n. 1, p. 375, 9 set. 2022.

22. Bláthnaid McCoy et al., "A Prospective Open-label Trial of a CBD/THC Cannabis Oil in Dravet Syndrome". *Annals of Clinical Translational Neurology*, v. 5, n. 9, pp. 1077-88, 1 ago. 2018; Lizzie Wade, "South America. Legal Highs make Uruguay a Beacon for Marijuana Research". *Science*, v. 344, n. 6189, artigo n. 1217, 13 jun. 2014.

23. Luigia Cristino, Tiziana Bisogno e Vincenzo Di Marzo, "Cannabinoids and the Expanded Endocannabinoid System in Neurological Disorders". *Nature Reviews Neurology*, v. 16, n. 1, pp. 9-29, jan. 2020.

MACONHA NÃO MATA NEURÔNIOS, OS FAZ FLORIR [PP. 77-84]

1. "Campanha contra uso de maconha retrata usuário como bicho-preguiça". Uol, 26 dez. 2015. Disponível em: <noticias.uol.com.br/internacional/ultimas-noticias/2015/12/26/campanha-contra-uso-de-maconha-retrata-usuario-

como-bicho-preguica.htm#:~:text=Uma%20campanha%20contra%20o%20 uso,os%20jovens%20a%20fumar%20omacmaco>. Acesso em: 7 ago. 2023.

2. Júlia Portela, "Polícia apreende nota de R$420 com bicho-preguiça e folha de maconha". Metrópoles, 25 nov. 2021. Disponível em: <www.metropoles.com/sem-categoria/policia-apreende-nota-de-r-420-com-bicho-preguica-e-folha-de-maconha>. Acesso em: 7 ago. 2023.

3. "Deputado Laerte Bessa indenizará governador Rollemberg por ofendê-lo em discursos". Migalhas, 26 abr. 2017. Disponível em: <www.migalhas.com.br/quentes/257864/deputado-laerte-bessa-indenizara-governador-rollemberg-por-ofende-lo-em-discursos>. Acesso em: 7 ago. 2023.

4. Mohini Ranganathan e Deepak Cyril D'Souza, "The Acute Effects of Cannabinoids on Memory in Humans: A Review". *Psychopharmacology*, v. 188, pp. 425-44, nov. 2006. Ver também Kirsten C. S. Adam et al., "Delta-9--Tetrahydrocannabinol (THC) Impairs Visual Working Memory Performance: A Randomized Crossover Trial". *Neuropsychopharmacology*, v. 45, n. 11, pp. 1807-16, out. 2020.

5. Rachel Lees et al., "Effect of Four-Week Cannabidiol Treatment on Cognitive Function: Secondary Outcomes from a Randomised Clinical Trial for the Treatment of Cannabis use Disorder". *Psychopharmacology*, v. 240, n. 2, pp. 337-46, fev. 2023.

6. Celia J. A. Morgan et al., "Impact of Cannabidiol on the Acute Memory and Psychotomimetic Effects of Smoked Cannabis: Naturalistic Study". *British Journal of Psychiatry*, v. 197, n. 4, pp. 285-90, out. 2010.

7. Eduardo Vanini, "'Tenho uma memória incrível, não sei por quê. Fumo maconha todos os dias, há 55 anos', diz Nelson Motta". *O Globo*, 12 out. 2019. Disponível em: <oglobo.globo.com/ela/gente/tenho-uma-memoria-incrivel-nao-sei-por-que-fumo-maconha-todos-os-dias-ha-55-anos-diz-nelson-motta-24013953>. Acesso em: 7 ago. 2023.

8. Guang Yang et al., "Sleep Promotes Branch-Specific Formation of Dendritic Spines After Learning". *Science*, 6 jun. 2014, v. 344, n. 6188, pp. 1173-8. Ver também Wei Li et al., "REM Sleep Selectively Prunes and Maintains New Synapses in Development and Learning". *Nature Neuroscience*, v. 20, n. 3, pp. 427-37, mar. 2017.

9. K. L. Spalding et al., "Dynamics of Hippocampal Neurogenesis in Adult Humans". *Cell*, v. 153, pp. 1219-27, 2013.

10. Shawn F. Sorrells et. al., "Human Hippocampal Neurogenesis Drops Sharply in Children to Undetectable Levels in Adults". *Nature*, v. 555, n. 7696, pp. 377-81, 15 mar. 2018.

11. Kunlin Jin et al., "Defective Adult Neurogenesis in CB1 Cannabinoid Receptor Knockout Mice". *Molecular Pharmacology*, v. 66, n. 2, pp. 204-8, ago. 2004.

12. Wen Jiang et al., "Cannabinoids Promote Embryonic and Adult Hippocampus Neurogenesis and Produce Anxiolytic — and Antidepressant — like Effects". *The Journal of Clinical Investigation*, v. 115, n. 11, pp. 3104-16, nov. 2005.

13. Laura Micheli et al., "Depression and Adult Neurogenesis: Positive Effects of the Antidepressant Fluoxetine and of Physical Exercise". *Brain Research Bulletin*, v. 143, pp. 181-93, out. 2018.

14. Andras Bilkei-Gorzo et al., "A Chronic Low Dose of Delta-9-Tetrahydrocannabinol (THC) Restores Cognitive Function in Old Mice". *Nature Medicine*, v. 23, n. 6, pp. 782-7, jun. 2017.

15. Joanna A. Komorowska-Müller et. al., "Chronic Low-Dose Delta-9-Tetrahydrocannabinol (THC) Treatment Stabilizes Dendritic Spines in 18-Month-Old Mice". *Scientific Reports*, v. 13, n. 1, artigo n. 1390, 25 jan. 2023.

16. Andreas Zimmer et al., "Increased Mortality, Hypoactivity, and Hypoalgesia in Cannabinoid CB1 Receptor Knockout Mice". *PNAS*, v. 96, n. 10, pp. 5780-5, 11 maio 1999.

17. F. Berrendero et al., "Changes in Cannabinoid Receptor Binding and mRNA Levels in Several Brain Regions of Aged Rats". *Biochimica et Biophysica Acta*, v. 1407, n. 3, pp. 205-14, 30 set. 1998.

18. Anastasia Piyanova et al., "Age-Related Changes in the Endocannabinoid System in the Mouse Hippocampus". *Mechanisms of Ageing and Development*, v. 150, pp. 55-64, set. 2015.

19. Prakash Nidadavolu et al., "Dynamic Changes in the Endocannabinoid System during the Aging Process: Focus on the Middle-Age Crisis". *International Journal of Molecular Sciences*, v. 23, n. 18, artigo n. 10254, 6 set. 2022.

20. Prakash Nidadavolu et al., "Efficacy of Delta-9-Tetrahydrocannabinol (THC) Alone or in Combination With a 1:1 Ratio of Cannabidiol (CBD) in Reversing the Spatial Learning Deficits in Old Mice". *Frontiers*, v. 13, artigo n. 718850, 30 ago. 2021.

21. Carl Sagan e Lester Grinspoon, *Marihuana Reconsidered*. Cambridge: Harvard University Press, 1971.

VIVER COM AS FLORES [PP. 85-97]

1. David Graeber e David Wengrow, *O despertar de tudo: uma nova história da humanidade*. Trad. de Claudio Marcondes e Denise Bottmann. São Paulo: Companhia das Letras, 2022.

2. Tor D. Wager e Lauren Y. Atlas, "The Neuroscience of Placebo Effects: Connecting Context, Learning and Health". *Nature Reviews Neuroscience*, v. 16, n. 7, pp. 403-18, jul. 2015.

3. Ibid.

4. Dan Jin et al., "Secundary Metabolites Profiled in Cannabis Inflorescences, Leaves, Stem Barks, and Roots for Medicinal Purposes". *Nature. Scientific Reports,* v. 10, artigo n. 3309, 24 fev. 2020.

5. Dante F. Placido e Charles C. Lee, "Potential of Industrial Hemp for Phytoremediation of Heavy Metals". *Plants,* Basel, v. 11, n. 5, p. 595, 23 fev. 2022. Ver também Evangelia E. Golia et al., "Investigating the potential of Heavy Metal Accumulation from Hemp. The Use of Industrial Hemp (Cannabis Sativa L.) for Phytoremediation of Heavily and Moderated Polluted Soils". *Sustainable Chemistry and Pharmacy,* v. 31, abr. 2023; Yudi Wu et al., "Phytoremediation of Contaminants of Emerging Concern from Soil with Industrial Hemp (Cannabis sativa L.): A Review". *Environment, Development and Sustainability,* 18 fev. 2021.

6. Masashi Soga, Kevin J. Gaston e Yuichi Yamaura, "Gardening is Beneficial for Health: A Meta-analysis". *Preventive Medicine Reports,* v. 5, pp. 92-9, 14 nov. 2016. Ver também Howarth M. et al., "What is the Evidence for the Impact of Gardens and Gardening on Health and Well-being: A Scoping Review and Evidence-based Logic Model to Guide Healthcare Strategy Decision Making on the Use of Gardening Approaches as a Social Prescription". *BMJ Open,* v. 10, n. 7, 19 jul. 2020.

7. Oliver Sacks, "Why We Need Gardens". *Everything in Its Place: First Loves and Last Tales.* Nova York: Knopf, 2019.

8. Carl A. Roberts et al., "Exploring the Munchies: An Online Survey of Users' Experiences of Cannabis Effects on Appetite and the Development of a Cannabinoid Eating Experience Questionnaire". *Journal of Psychopharmacology,* v. 33, n. 9, pp. 1149-59, set. 2019.

9. Marco Koch et al., "Hypothalamic POMC Neurons Promote Cannabinoid-induced Feeding". *Nature,* v. 519, n. 7541, pp. 45-50, 5 mar. 2015. Ver também Shi Di et al., "Nongenomic Glucocorticoid Inhibition via Endocannabinoid Release in the Hypothalamus: A Fast Feedback Mechanism". *Journal of Neuroscience,* v. 23, n. 12, pp. 4850-7, 15 jun. 2003; Renato Malcher-Lopes et al., "Opposing Crosstalk Between Leptin and Glucocorticoids Rapidly Modulates Synaptic Excitation via Endocannabinoid Release". *Journal of Neurosciences,* v. 26, n. 24, pp. 6643-50, 14 jun. 2006.

10. Carl Sagan e Lester Grinspoon, op. cit.

11. M.A. De Luca et al., "Cannabinoid Facilitation of Behavioral and Biochemical Hedonic Taste Responses". *Neuropharmacology,* v. 63, n. 1, pp. 161-8, jul. 2012.

12. Edgar Soria-Gómez et al., "The Endocannabinoid System Controls Food Intake via Olfactory Processes". *Nature Neurosciences,* v. 17, n. 3, pp. 407-15, mar. 2014.

13. CBS Sunday morning, "Cannabis cuisine". YouTube, 20 nov. 2022. Disponível em: <www.youtube.com/watch?v=nYLOeczyDHU&t=34s>. Acesso em: 7 ago. 2023.

14. Whitney L. Ogle et al., "How and Why Adults Use Cannabis During Physical Activity". *Journal of Cannabis Research*, v. 4, n. 1, p. 24, 18 maio 2022.

15. Cannabis & Saúde. "Inflamação e a dor de atletas tratados com Cannabis". YouTube, 21 jul. 2021. Disponível em: <www.youtube.com/watch?v=V6_YbspSdkU&t=627s> Acesso em: 19 set. 2023.

16. Jeff Tracy, "Where it Stands: Weed Policies by U.S. Sports League". Axios. Disponível em: <www.axios.com/2021/10/20/weed-policies-sports-leagues-nba-mlb-nfl-nhl>. Acesso em: 19 set. 2023.

17. Louise Gwilliam, "Cannabis and sport: NBA winner Matt Barnes 'smoked before games'". BBC Sport, 31 maio 2018. Disponível em: <www.bbc.com/sport/basketball/43836214>. Acesso em: 7 ago. 2023.

18. Leah Gillett et al., "Arrhythmic Effects of Cannabis in Ischemic Heart Disease". *Cannabis and Cannabinoid Research*, 29 mar. 2022. Disponível em: <www.liebertpub.com/doi/10.1089/can.2021.0188>. Acesso em: 7 ago. 2023.

19. Ellen Wiebe e Alanna Just, "How Cannabis Alters Sexual Experience: A Survey of Men and Women". *Journal of Sexual Medicine*, v. 16, n. 11, pp. 1758-62, nov. 2019.

20. Andrea Donatti Gallassi et al., "The Increased Alcohol and Marijuana Use Associated with the Quality of Life and Psychosocial Aspects: A Study During the Covid-19 Pandemic in a Brazilian University Community". *International Journal of Mental Health and Addiction*, pp. 1-21, 21 out. 2022.

21. Amanda Moser et al., "The Influence of Cannabis on Sexual Functioning and Satisfaction". *Journal of Cannabis Research*, v. 5, n. 1, artigo n. 2, 20 jan. 2023.

22. Carl Sagan e Lester Grinspoon, op. cit.

23. Yoshihara Kazuo e Hirose Yoshio, "The Sesquiterpenes of Ginseng". *Bulletin of the Chemical Society of Japan*, v. 48, n. 7, pp. 2078-80, 1975. Ver também Rita Richer et al., "Three Sesquiterpene Hydrocarbons From the Roots of Panax Ginseng C.A. Meyer (Araliaceae)". *Phytochemistry*, v. 66, n. 23, pp. 2708-13, dez. 2005.

24. Hui-Lin Li, "An Archaeological and Historical Account of Cannabis in China", op. cit.

25. Zerrin Atakan et al., "The effect of Cannabis on Perception of Time: A Critical Review". *Current Pharmaceutical Design*, v. 18, n. 32, pp. 4915-22, 2012.

26. Anna Muro, Ramon Cladellas e Judit Castellà, "Cannabis and Its Different Strains". *Experimental Psychology*, v. 68, n. 2, pp. 57-66, mar. 2021.

27. R. Andrew Sewell et al., "Acute Effects of THC on Time Perception in Frequent and Infrequent Cannabis Users". *Psychopharmacology*, v. 226, n. 2, pp. 401-13, mar. 2013.

28. Ana Paula Francisco et al., "Cannabis Use in Attention — Deficit/ Hyperactivity Disorder (ADHD): A Scoping Review". *Journal of Psychiatric Research*, v. 157, pp. 239-56, jan. 2023.

29. Fernando de Barros e Silva, "A última entrevista de Otavio Frias Filho". *Folha de S.Paulo*, 23 set. 2018. Disponível em: <www1.folha.uol.com.br/ ilustrissima/2018/09/a-ultima-entrevista-de-otavio-frias-filho.shtml>. Acesso em: 7 ago. 2023.

30. Bruno Levinson, op. cit., pp. 20-1.

LIBERDADE PARA O CÃONABIS! [PP. 97-104]

1. Callie Barrons, "25 Inspirational Quotes About Weed". High Times, 22 jun. 2018. Disponível em: <hightimes.com/culture/inspirational-quotes-about-weed/10/>. Acesso em: 7 ago. 2023.

2. Ibid.

3. Ellen Komp, "Cannabis and 'Muggles': An Etimology". Leafly, 13 nov. 2018. Disponível em: <www.leafly.com/news/lifestyle/etymology-of-muggle-marijuana>. Acesso em: 16 ago. 2023.

4. High Times, "High Times Great: Louis Armstrong". High Times, 4 ago. 2020. Disponível em: <www.hightimes.com/culture/high-times-greats-louis-armstrong>. Acesso em: 7 ago. 2023.

5. Zack Fenech, op. cit. Ver também Callie Barrons, op. cit.

6. Bruno Levinson, op. cit., p. 129.

7. Mano Brown, "Entrevista com Sidarta Ribeiro". *Mano a mano*, 2ª temporada, episódio 5. Disponível em: <open.spotify.com/episode/oml5hCcOCu3 LP5Pt2wkFnZ?si=43dabf3382f8440f>. Acesso em: 16 ago. 2023.

8. Phie Jacobs, "Researchers Applaud Health Officials' Push to Ease Cannabis Restrictions". *Science*, 1 set. 2023. Disponível em: <www.science.org/content/article/researchers-applaud-hhs-push-ease-marijuana-restrictions>. Acesso em: 19 set. 2023.

9. Lois Beckett, "San Francisco backs reparations plans, including $5m to eligible Black adults". *The Guardian*, 14 mar. 2023. Disponível em: <www.theguardian.com/us-news/2023/mar/14/san-francisco-reparation-plans-black-residents>. Acesso em: 19 set. 2023.

10. Francisco Inácio Pinkusfeld Monteiro Bastos et al., "III Levantamento Nacional sobre o Uso de Drogas pela População Brasileira". *Repositório Institucional da Fiocruz,* Instituto de Comunicação e Informação Científica

e Tecnológica em Saúde (ICICT)/Fiocruz, 2017. Disponível em: <www.arca.fiocruz.br/handle/icict/34614>. Acesso em: 7 ago. 2023.

11. Catalina Lopez-Quintero et al., "Probability and Predictors of Transition from First Use to Dependence on Nicotine, Alcohol, Cannabis, and Cocaine: Results of the National Epidemiologic Survey on Alcohol and Related Conditions (NESARC)". *Drug and Alcohol Dependence*, v. 115, n. 1-2, pp. 120-30, 1º maio 2011.

12. E. Labigalini Jr, L. R. Rodrigues e D. X. Da Silveira, "Therapeutic Use of Cannabis by Crack Addicts in Brazil". *Journal of Psychoactive Drugs*, v. 31, n. 4, pp. 451-5, out.-dez. 1999.

13. Gilberto Dimenstein, "Descobriram a cura do crack?". *Folha de S.Paulo*, 24 maio 2010. Disponível em: <www1.folha.uol.com.br/colunas/gilbertodimenstein/739803-descobriram-a-cura-do-crack.shtml>. Acesso em: 7 ago. 2023.

14. Bob Green, Ross Young e David Kavanagh, "Cannabis Use and Misuse Prevalence among People with Psychosis". *The British Journal of Psychiatry*, v. 187, n. 4, pp. 306-13, out. 2005.

15. Anna Mané et al. "Relationship between Cannabis and Psychosis: Reasons for Use and Associated Clinical Variables". *Psychiatry Research*, v. 229, n. 1-2, pp. 70-4, set. 2015.

16. Berta Moreno-Küstner, Carlos Martín e Loly Pastor, "Prevalence of Psychotic Disorders and Its Association with Methodological Issues. A Systematic Review and Meta-analyses". *PLoS One*, v. 13, n. 4, 12 abr. 2018.

17. United Nations, *World Drug Report*, 2022. Disponível em: <www.unodc.org/unodc/en/data-and-analysis/world-drug-report-2022.html>. Acesso em: 7 ago. 2023.

18. Antonio Waldo Zuardi et al., "A Critical Review of the Antipsychotic Effects of Cannabidiol: 30 Years of a Translational Investigation". *Current Pharmaceutical Design*, v. 18, n. 32, pp. 5131-40, 2012.

19. Philip McGuire et al., "Cannabidiol (CBD) as an Adjunctive Therapy in Schizophrenia: A Multicenter Randomized Controlled Trial". *American Journal of Psychiatry*, v. 175, n. 3, pp. 225-31, 1º mar. 2018.

20. R. Martin Santos et al., "Acute Effects of a Single, Oral Dose of Delta-9-Tetrahydrocannabinol (THC) and Cannabidiol (CBD) Administration in Healthy Volunteers". *Current Pharmaceutical Design*, v. 18, n. 32, pp. 4966-79, 2012.

21. Avshalom Caspi et al., "Moderation of the Effect of Adolescent-onset Cannabis Use on Adult Psychosis by a Functional Polymorphism in the Catechol-O-Methyltransferase Gene: Longitudinal Evidence of a Gene X Environment Interaction". *Biological Psychiatry*, v. 57, n. 10, pp. 1117-27, 15 maio

2005. Ver também Hywel J. Williams, Michael Owen e Michael O'Donovan. "Is COMT a Susceptibility Gene for Schizophrenia?". *Schizophrenia Bulletin*, v. 33, n. 3, pp. 635-4, maio 2007; Thomas Stephanus J. Vaessen et al., "The Interaction Between Cannabis Use and the Val158Met Polymorphism of the COMT Gene in Psychosis: A Transdiagnostic Meta-Analysis". *PLoS One*, , v. 13, n. 2, 14 fev. 2018.

22. Beng-Choon Ho et al., "Cannabinoid Receptor 1 Gene Polymorphisms and Marijuana Misuse Interactions on White Matter and Cognitive Deficits in Schizophrenia". *Schizophrenia Research*, v. 128, n. 1-3, pp. 66-75, maio 2011. Ver também Paula Suárez-Pinilla et al., "Brain Structural and Clinical Changes after First Episode Psychosis: Focus on Cannabinoid Receptor 1 Polymorphisms". *Psychiatry Research*, v. 233, n. 2, pp. 112-9, 30 ago. 2015; Maitane Oscoz-Irurozqui et al., "Cannabis Use and Endocannabinoid Receptor Genes: A Pilot Study on Their Interaction on Brain Activity in First-Episode Psychosis". *International Journal of Molecular Sciences*, v. 24, n. 8, p. 7501, 19 abr. 2023.

23. Ashley C. Proal et al., "A Controlled Family Study of Cannabis users with and without Psychosis". *Schizophrenia Research*, v. 152, n. 1, pp. 283-8, jan. 2014.

24. Joëlle A. Pasman et al., "GWAS of Lifetime Cannabis use Reveals New Risk Loci, Genetic Overlap with Psychiatric Traits, and a Causal Influence of Schizophrenia". *Nature Neuroscience*, v. 21, n. 9, pp. 1161-70, set. 2018.

MATURANA, MARIJUANA E O SAPO VERDE [PP. 105-18]

1. Humberto Maturana e Francisco Varela, *A árvore do conhecimento*. 8ª ed. São Paulo: Palas Athena, 2001.

2. Callie Barrons, op. cit.

3. Zack Fenech, op. cit.

4. Yu Tse Heng, Christopher M. Barnes, Kai Chi Yam, "Cannabis Use does not Increase Actual Creativity but Biases Evaluations of Creativity". *Journal of Applied Psychology*, v. 108, n. 4, pp. 635-46, abr. 2023.

5. Michael A. Kowal et al., "Cannabis and Creativity: Highly Potent Cannabis Impairs Divergent Thinking in Regular Cannabis Users". *Psychopharmacology*, v. 232, n. 6, pp. 1123-34, mar. 2015.

6. Emily M. LaFrance e Carrie Cuttler, "Inspired by Mary Jane? Mechanisms Underlying Enhanced Creativity in Cannabis Users". *Consciousness and Cognition*, v. 56, pp. 68-76, nov. 2017.

7. Kyle S. Minor et al., "Predicting Creativity: The Role of Psychometric Schizotypy and Cannabis Use in Divergent Thinking". *Psychiatry Research*, v. 220, n. 1-2, pp. 205-10, 15 dez. 2014.

8. Russell Eisenman, Jan Carl Grossman, Ronald Goldstein, "Undergraduate Marijuana Use as Related to Internal Sensation Novelty Seeking and Openness to Experience". *Journal of Clinical Psychology*, v. 36, n. 4, pp. 1013-9, out. 1980.

9. Callie Barrons, op. cit.

10. Tarcísio Alves Barreto Filho, *Cannabis medicinal para cães e gatos*. São Paulo: Manole, 2023.

11. Chris D. Verrico et al., "A Randomized, Double-Blind, Placebo-Controlled Study of Daily Cannabidiol for the Treatment of Canine Osteoarthritis Pain". *Pain*, v. 161, n. 9, pp. 2191-2202, 1º set. 2020. Ver também Giorgia Della Rocca e Alessandra Di Salvo, "Hemp in Veterinary Medicine: From Feed to Drug". *Frontiers in Veterinary Science*, v. 7, n. 387, 28 jul. 2020; Cindy H. J. Yu, H. P. Vasantha Rupasinghe, "Cannabidiol-based Natural Health Products for Companion Animals: Recent Advances in the Management of Anxiety, Pain, and Inflammation". *Research in Veterinary Science*, v. 140, pp. 38-46, nov. 2021; Tácio M. Lima et al., "Use of Cannabis in the Treatment of Animals: A Systematic Review of Randomized Clinical Trials". *Animal Health Research Reviews*, v. 23, n. 1, pp. 25-38, jun. 2022.

AMAR DEMAIS AS FLORES [PP. 119-23]

1. Roberto Catanzaro et al., "Irritable Bowel Syndrome and Lactose Intolerance: The Importance of Differential Diagnosis. A Monocentric Study". *Minerva Gastroenterology*, Torino, v. 67, n. 1, pp. 72-8, mar. 2021. Ver também Christian L. Storhaug, Svein K. Fosse e Lars T. Fadnes, "Country, Regional, and Global Estimates for Lactose Malabsorption in Adults: A Systematic Review and Meta-analysis". *Lancet. Gastroenterology and Hepatology*, v. 2, pp. 738-46, out. 2017.

2. Tamara L. Wall, Susan E. Luczak e Susanne Hiller-Sturmhöfel, "Biology, Genetics, and Environment: Underlying Factors Influencing Alcohol Metabolism". *Alcohol Research: Current Research*, v. 38, n. 1, pp. 59-68, 2016.

3. Mimy Y. Eng, Susan E. Luczak e Tamara L. Wall, "ALDH2, ADH1B, and ADH1C Genotypes in Asians: A Literature Review". *Alcohol Research and Health*, v. 30, n. 1, pp. 22-7, 2007.

4. Yasmin L. Hurd et al., "Cannabis and the Developing Brain: Insights into Its Long-Lasting Effects". *Journal of Neuroscience*, v. 39, n. 42, pp. 8250-58, 16 out. 2019. Ver também Polcaro Joseph e Ivana M. Vettraino, "Cannabis in Pregnancy and Lactation. A Review". *Missouri Medicine*, v. 117, n. 5, pp. 400-5, set.-out. 2020; Roman Gabrhelík et al., "Cannabis Use during Pregnancy and Risk of Adverse Birth Outcomes: A Longitudinal Cohort Study". *European Addiction Research*, v. 27, n. 2, pp. 131-41, 2021.

5. George C. Patton et al., "Cannabis Use and Mental Health in Young People: Cohort Study". *BMJ*, v. 325, n. 7374, pp. 1195-8, 23 nov. 2002. Ver também Michael T. Lynskey et al., "A Longitudinal Study of the Effects of Adolescent Cannabis Use on High School Completion". *Addiction*, v. 98, n. 5, pp. 685-92, maio 2003; Andrew Lac e Jeremy W. Luk, "Testing the Amotivational Syndrome: Marijuana Use Longitudinally Predicts Lower Self-Efficacy Even After Controlling for Demographics, Personality, and Alcohol and Cigarette Use". *Prevention Science*, v. 19, n. 2, pp. 117-26, fev. 2018; Aria S. Petrucci, Emily M. LaFrance e Carrie Cuttler, "A Comprehensive Examination of the Links between Cannabis Use and Motivation". *Substance Use & Misuse*, v. 55, n. 7, pp. 1155-64, 2020.

6. Matthew D. Albaugh et al., "Association of Cannabis Use During Adolescence With Neurodevelopment". *JAMA Psychiatry*, v. 78, n. 9, pp. 1-11, set. 2021.

7. Daniel Feingold e Aviv Weinstein, "Cannabis and Depression". *Advances in Experimental Medicine and Biology*, v. 1264, pp. 67-80, 2021.

8. Leah Gillett et al., "Arrhythmic Effects of Cannabis in Ischemic Heart Disease". *Cannabis and Cannabinoid Research*, 29 mar. 2022.

9. Helen Senderovich et al., "A Systematic Review on Cannabis Hyperemesis Syndrome and Its Management Options". Senderovich H, Patel P, Jimenez Lopez B, Waicus S. *Medical Principles and Practices*, v. 31, n. 1, pp. 29-38, 2022.

10. James Jett et al., "Cannabis Use, Lung Cancer, and Related Issues". *Journal of Thoracic Oncology*, v. 13, n. 4, pp. 480-87, abr. 2018. Ver também Kathryn Gracie e Robert J. Hancox, "Cannabis Use Disorder and the Lungs". *Addiction*, v. 116, n. 1, pp. 182-90, jan. 2021.

11. E. B. de Sousa Fernandes Perna et al., "Subjective Aggression during Alcohol and Cannabis Intoxication before and after Aggression Exposure". *Psychopharmacology*, v. 233, n. 18, pp. 3331-40, set. 2016; Bruna Brands et al., "Acute and Residual Effects of Smoked Cannabis: Impact on Driving Speed and Lateral Control, Heart Rate, and Self-reported Drug Effects". *Drug and Alcohol Dependence*, v. 1, n. 205, artigo n. 107641, dez. 2019.

12. Ulrich W. Preuss et al., "Cannabis Use and Car Crashes: A Review". *Frontiers in Psychiatry*, v. 12, artigo n. 643315, 28 maio 2021.

13. Carl Sagan e Lester Grinspoon, op. cit.

14. Sonia Ortiz-Peregrina et al., "Comparison of the Effects of Alcohol and Cannabis on Visual Function and Driving Performance. Does the visual impairment affect driving?". *Drug and Alcohol Dependence*, v. 237, artigo n. 109538, 1º ago. 2022.

15. Thomas R. Arkell et al., "Effect of Cannabidiol and Delta-9-Tetrahydrocannabinol on Driving Performance: A Randomized Clinical Trial". *JAMA*, v. 324, n. 21, pp. 2177-86, 1º dez. 2020.

16. Michael G. Lenné et al., "The Effects of Cannabis and Alcohol on Simulated Arterial Driving: Influences of Driving Experience and Task Demand". *Accident; Analysis and Prevention*, v. 42, n. 3, pp. 859-66, maio 2010. Ver também Tatiana Ogourtsova et al., "Cannabis Use and Driving-Related Performance in Young Recreational Users: A Within-subject Randomized Clinical Trial". *CMAJ Open*, v. 6, n. 4, artigo n. e453-e462, 14 out. 2018.

17. Thomas R. Arkell et al., "Cannabidiol (CBD) Content in Vaporized Cannabis does not Prevent Tetrahydrocannabinol (THC)-Induced Impairment of Driving and Cognition". *Psychopharmacology*, v. 236, n. 9, pp. 2713-24, set. 2019.

18. Andrew Fares et al., "Combined Effect of Alcohol and Cannabis on Simulated Driving". *Psychopharmacology*, v. 239, n. 5, pp. 1263-77, maio 2022.

PROIBIR AS FLORES [PP. 124-31]

1. Silvia Ramos et al., *Máquina de moer gente preta: a responsabilidade da branquitude*. Rio de Janeiro: Rede de Observatórios da Segurança/CESEC, 2022; Ver também Silvia Ramos et al. *Negro trauma: racismo e abordagem policial no Rio de Janeiro*. Rio de Janeiro: CESEC, 2022.

2. Bette Lucchese, "Dois anos após a morte de Ágatha Felix, mãe ainda aguarda julgamento de PM: 'Muita dor'". G1, 21 set. 2021. Disponível em: <g1.globo.com/rj/rio-de-janeiro/noticia/2021/09/21/dois-anos-apos-a-morte-de-agatha-felix-mae-ainda-aguarda-julgamento-de-pm-muita-dor.ghtml>. Acesso em: 8 ago. 2023.

3. Mano Brown, op. cit., min. 38.

4. Cristiano Maronna, *Lei de Drogas interpretada na perspectiva da liberdade*. São Paulo: Contracorrente, 2022.

5. Parte desse parágrafo foi publicada na revista *Carta Capital*, em abril 2023.

6. Helena Martins, "Lei de drogas tem impulsionado encarceramento no Brasil". *Agência Brasil*, 8 jun. 2018. Disponível em: <agenciabrasil.ebc.com.br/geral/noticia/2018-06/lei-de-drogas-tem-impulsionado-encarceramento-no-brasil>. Acesso em: 8 ago. 2023.

7. Orlando Zaccone, *Acionistas do nada: quem são os traficantes de drogas,* v. 2. Rio de Janeiro: Revan, 2007.

8. "SBPC encaminha moção por política de drogas progressista e não proibicionista". *Sociedade Brasileira para o Progresso da Ciência*, 10 ago. 2018. Disponível em: <portal.sbpcnet.org.br/noticias/sbpc-encaminha-mocao-por-politica-de-drogas-progressista-e-nao-proibicionista/>. Acesso em: 8 ago 2023.

9. Stephanie M. Zellers et al., "Recreational Cannabis legalization has had limited effects on a wide range of adult psychiatric and psychosocial outcomes". *Psychological Medicine*, pp. 1-10, 5 jan. 2023.

ENVELHECER COM AS FLORES [PP. 132-5]

1. Nicholas Lintzeris et al., "Medicinal Cannabis in Australia, 2016: The Cannabis as Medicine Survey (CAMS-16)". *Medical Journal of Australia*, v. 209, n. 5, pp. 211-6, 3 ago. 2018. Ver também Nicholas Lintzeris et al., "Medical Cannabis Use in Australia: Consumer Experiences from the Online Cannabis as Medicine Survey 2020 (CAMS-20)". *Harm Reduction Journal*, v. 19, n. 88, 30 jul. 2022; Michelle Sexton et al., "A Cross-Sectional Survey of Medical Cannabis Users: Patterns of Use and Perceived Efficacy". *Cannabis and Cannabinoid Research*, v. 1, n. 1, pp. 131-8, 1 jun. 2016.

2. Marian S. McDonagh et al., "Cannabis-Based Products for Chronic Pain: A Systematic Review". *Annals of Internal Medicine*, v. 175, n. 8, pp. 1143-53, ago. 2022. Ver também Roger Chou et al., "Living Systematic Review on Cannabis and Other Plant-Based Treatments for Chronic Pain: 2022 Update". *Comparative Effectiveness Review*, Rockville, v. 250, relatório n. 22-EHC042, set. 2022.

3. Kylie O'Brien et al., "Preliminary Findings from Project Twenty21 Australia: An Observational Study of Patients Prescribed Medicinal Cannabis for Chronic Pain, Anxiety, Posttraumatic Stress Disorder and Multiple Sclerosis". *Drug Science, Policy and Law*, v. 9, 2023.

4. Hajar Mikaeili et al., "Molecular Basis of FAAH-OUT-associated Human Pain Insensitivity". *Brain: a Journal of Neurology*, v. 146, n. 9, pp. 3851-65, set 2023.

5. Vinicius Lemos, "A pequena cidade brasileira que tinha maconha plantada até na praça principal". BBC News, 14 set. 2018. Disponível em: <www.bbc.com/portuguese/brasil-45475933> Acesso em: 25 set. 2023.

6. Mariana Babayeva e Zvi G. Loewy, "Cannabis Pharmacogenomics: A Path to Personalized Medicine". *Current Issues in Molecular Biology*, v. 45, n. 4, pp. 3479--514, abr. 2023.

7. Kifah Blal et al., "The Effect of Cannabis Plant Extracts on Head and Neck Squamous Cell Carcinoma and the Quest for Cannabis-Based Personalized Therapy". *Cancers*, Basel, v. 15, n. 2, p. 497, 13 jan. 2023.

8. GHMedical, "About us". Disponível em: <ghmedical.com/mission-statement>. Acesso em: 8 ago. 2023.

MORRER E RENASCER COM AS FLORES [PP. 136-9]

1. Bridget H. Highet et al., "Tetrahydrocannabinol and Cannabidiol Use in an Outpatient Palliative Medicine Population". *American Journal of Hospice & Palliative Care*, v. 37, n. 8, pp. 589-93, ago. 2020. Ver também Knud e Anne Gastmeier, "[Low-dose THC in geriatric and palliative patients]". Artigo em alemão. *MMW Fortschritte der Medizin*, v. 164, n. 5, pp. 10-14, out. 2022.

2. Gavin N. Petrie et al., "Endocannabinoids, Cannabinoids and the Regulation of Anxiety". *Neuropharmacology*, 1º set. 2021, v. 195, artigo n. 108626.

3. BJ Miller, "An Honest Look at Marijuana and Its Place in Palliative Care". *CAPC*, 30 ago. 2022. Disponível em: <www.capc.org/blog/an-honest-look-at-marijuana-and-its-place-in-palliative-care/>. Acesso em: 8 ago. 2023.

4. Callie Barrons, op. cit. Ver também Mary Jane Gibson, "The High Times interview: Melissa Etheridge". *High Times*, 4 nov. 2016. Disponível em: <hightimes.com/culture/the-high-times-interview-melissa-etheridge/>. Acesso em: 8 ago. 2023.

5. Carl Sagan e Lester Grinspoon, op. cit.

6. Valmir Moratelli, "Gilberto Gil: 'A maconha ajudou a minha música'". *Quem*, 11 jul. 2014. Disponível em: <revistaquem.globo.com/Entrevista/noticia/2014/07/gilberto-gil-maconha-ajudou-minha-musica.html>. Acesso em: 8 ago. 2023.

7. Pacer Stacktrain, "Maya Angelou's Love of Cannabis". *Leaf Nation*, 1º out. 2021. Disponível em: <leafmagazines.com/culture/maya-angelous-love-of-cannabis/>. Acesso em: 8 ago. 2023.

EPÍLOGO [PP. 140-7]

1. Carl Sagan e Lester Grinspoon, op. cit.

2. Callie Barrons, op. cit.

3. Gabriel Pitor, "Morre o ativista Ras Geraldinho, aos 63 anos, em Americana". *Liberal*, 27 nov. 2022. Disponível em: <liberal.com.br/cidades/americana/morre-o-ativista-ras-geraldinho-aos-63-anos-em-americana-1871555/>. Acesso em 29 ago. 2023.

4. Marina Rossi, "O cientista condecorado que acabou na delegacia por causa de um líder rastafári". *El País*, 27 fev. 2018. Disponível em: <brasil.elpais.com/brasil/2018/02/27/politica/1519749794_845442.html>. Acesso em 29 ago. 2023.

5. *Roda Viva*. Ailton Krenak. YouTube, 19 abr. 2021. Disponível em: <www.youtube.com/watch?v=BtpbCuPKTq4&t=107s>. Acesso em: 8 ago. 2023.

A marca FSC® é a garantia de que a madeira utilizada na fabricação do papel deste livro provém de florestas gerenciadas de maneira ambientalmente correta, socialmente justa e economicamente viável e de outras fontes de origem controlada.

Copyright © 2023 Sidarta Ribeiro
Todos os direitos reservados. Nenhuma parte desta obra pode ser reproduzida, arquivada ou transmitida de nenhuma forma ou por nenhum meio sem a permissão expressa e por escrito da Editora Fósforo.

DIRETORAS EDITORIAIS Fernanda Diamant e Rita Mattar
EDITORA Eloah Pina
ASSISTENTE EDITORIAL Cristiane Alves Avelar
PREPARAÇÃO Andressa Veronesi
REVISÃO Gabriela Rocha e Andrea Souzedo
DIRETORA DE ARTE Julia Monteiro
CAPA Alles Blau
IMAGEM DA CAPA Ani Ganzala Lorde
CRÉDITOS DAS IMAGENS pp. 12, 49, 56 Chris Duvall, Cannabis (Londres: Reaction Books, 2014; Argentina: Anna Hidalgo, 2023); p. 48 c. 1871, de K. P. Von Kaufman, Turkestansk al'bom (1871-2). Cortesia da Library of Congress; p. 50 (esq.) Wikimedia Commons, (dir.) Wikimedia Commons, do livro de Eugen Köhler, *Medizinal--Pflantzen*; p. 52 (esq.) © Freer Gallery of Art, Smithsonian Institution, doação de Charles Lang Freer, (dir.) Wikimedia Commons, n. 9939 do Travelers in the Middle East Archive; p. 63 Wikimedia Commons
TRATAMENTO DE IMAGENS Julia Thompson
PROJETO GRÁFICO Alles Blau
EDITORAÇÃO ELETRÔNICA Página Viva

Dados Internacionais de Catalogação na Publicação (CIP)
(Câmara Brasileira do Livro, SP, Brasil)

Ribeiro, Sidarta
  As flores do bem / Sidarta Ribeiro. — 1. ed. — São Paulo : Fósforo, 2023.
  ISBN: 978-65-84568-85-3
  1. Cannabis 2. Ensaios brasileiros 3. Maconha I. Título.

23-172669   CDD — B869.4

Índice para catálogo sistemático:
1. Ensaios : Literatura brasileira   B869.4

Aline Graziele Benitez — Bibliotecária — CRB-1/3129

1ª edição
2ª reimpressão, 2025

Editora Fósforo
Rua 24 de Maio, 270/276, 10º andar, salas 1 e 2 — República
01041-001 — São Paulo, SP, Brasil — Tel: (11) 3224.2055
contato@fosforoeditora.com.br / www.fosforoeditora.com.br

Este livro foi composto em GT Alpina e
GT Flexa e impresso pela Ipsis em papel
Golden Paper 80 g/m² para a Editora
Fósforo em janeiro de 2025.